上海市金属结构行业协会团体标准

常用钢结构技术标准和管理文件索引

T/SMCA 2002—2020

主编单位：上海市金属结构行业协会

施行日期：2021 年 8 月 15 日

同济大学出版社

2021　上海

图书在版编目(CIP)数据

常用钢结构技术标准和管理文件索引/上海市金属
结构行业协会主编. —上海:同济大学出版社,2021.5
ISBN 978-7-5608-9741-7

Ⅰ.①常… Ⅱ.①上… Ⅲ.①钢结构-技术标准-文
件-索引-中国 Ⅳ.①TU391-65

中国版本图书馆 CIP 数据核字(2021)第 082703 号

常用钢结构技术标准和管理文件索引

上海市金属结构行业协会 主编

责任编辑 朱 勇
责任校对 徐春莲
封面设计 陈益平

出版发行 同济大学出版社 www.tongjipress.com.cn
(地址:上海市四平路 1239 号 邮编:200092 电话:021-65985622)
经 销 全国各地新华书店
印 刷 常熟市大宏印刷有限公司
开 本 889mm×1194mm 1/32
印 张 4.625
字 数 124 000
版 次 2021 年 5 月第 1 版 2021 年 5 月第 1 次印刷
书 号 ISBN 978-7-5608-9741-7
定 价 50.00 元

前　言

为贯彻落实《国家标准化管理委员会　民政部关于印发〈团体标准管理规定〉的通知》(国标委联〔2019〕1 号)和《上海市住房和城乡建设管理委员会关于鼓励团体标准在本市工程建设中应用的通知》(沪建标定〔2019〕871 号)文件精神,上海市金属结构行业协会组织协会有关成员单位,以协会原有的《钢结构技术规范、规程概论》(1999 年 4 月版本)为基础,组织相关成员单位对现有的、常用的、涉及钢结构工程的国家、行业、地方(主要是上海市)规范、规程和技术标准进行了收集和整理,同时对国外的常用相关标准进行了标号的罗列。

随着钢结构工程日益广泛的应用,广大工程技术人员系统地学习、掌握钢结构工程相关标准的积极性和迫切性也在日益提高。本次修编通过检索、讨论、编制、审定等一系列工作,以团体标准的形式,推荐给各钢结构企业的技术人员使用,以便技术人员能在短期内掌握钢结构工程常用技术规范、技术规程(标准)的正式名称和版号以及这些标准的主要使用范围。

本标准共分为 9 章和 3 个附录。第 1~3 章主要介绍了我国国家、行业、地方性规范、规程、标准之间层次结构关系。第 4~9 章分别收集了"钢结构常用材料""钢结构设计""钢结构施工""钢结构验收""钢结构检验、检测、鉴定""钢结构综合"等涉及钢结构工程的各类规范、规程、标准、条例等 323 项(其中国内标准 253 项,政府法规、条例 3 项,国外标准 67 项)。附录 A 为部分国外钢结构常用技术标准(仅给出名称和标号);附录 B 为所收录国家标准的总索引;附录 C 为政府机构关于建设工程的常用法规、条例。

各企业在执行本标准的过程中,如有意见和建议,请反馈至上海市金属结构行业协会(地址:上海市静安区洛川中路701号9号楼2楼;邮编:200072;电话:021—65360223),以供今后修订时参考。

主编单位:上海市金属结构行业协会

参编单位:上海市机械施工集团有限公司

上海绿地建设(集团)有限公司

上海建工(江苏)钢结构有限公司

上海二十冶建设有限公司

中国建筑第八工程局有限公司

宝钢钢构有限公司

上海中远川崎重工钢结构有限公司

上海宝钢彩钢工程有限公司

上海洪铺钢结构工程有限公司

起草人员:刘春波　陈学方　叶绍铭　丁一峰　姚　剑
金　宇　王建荣　韩向科　樊警雷　张晋文
王　斌　张圻　周雪梅　徐晓骏　陈东昱
梁学锋　刘文彬

主要审查人:卢　定　张　伟　贺明玄　陈晓明　徐文敏
陈建平　丁佩良　傅水忠　田申生

社会专家:(按姓氏笔划)
王美华　冯国军　刘绪明　罗永峰　顾　军
翁益民

目　次

1 总　则

1.0.1　为便于工程技术人员理解、掌握和规范使用钢结构工程技术标准，提高钢结构工程质量安全管理水平，特制定本标准。

1.0.2　本标准适用于钢结构工程设计、采购、制造、施工、监测、检测、鉴定及监督管理的全过程。

1.0.3　本标准收集了钢结构工程行业常用的国家现行标准及上海市地方标准。

1.0.4　本标准所收录的钢结构工程标准、规范为现行版本，如若上述版本有修订，应以最新版本为准。

2 术语和代号说明

2.1 术 语

2.1.1 规范性文件 normative document

为各种活动或其结果提供规则、指南或特性的文件。

注:1 "规范性文件"是诸如标准、规范、规程和法规等文件的通称。

2 "文件"可理解为记录有信息的各种媒介。

2.1.2 标准化文件 standardizing document

通过标准化活动制定的文件。

注:"标准化文件"是诸如标准、技术规范以及可公开获得的规范、技术报告等文件的通称。

2.1.3 标准 standard

通过标准化活动,按照规定的程序经协商一致制定,为各种活动或其结果提供规则、指南或特性,供共同使用和重复使用的文件。

注:1 标准宜以科学、技术和经验的综合成果为基础。

2 规定的程序指制定标准的机构颁布的标准制定程序。

3 诸如国际标准、区域标准、国家标准等,由于它们可以公开获得以及必要时通过修正或修订保持与新技术水平同步,因此,它们被视为构成了公认的技术规则。其他层次上通过的标准,诸如专业协(学)会标准、企业标准等,在地域上可影响几个国家。

2.1.4 国际标准 international standard

由国际标准化组织或国际标准组织通过并公开发布的标准。

2.1.5　区域标准　regional standard
由区域标准化组织或区域标准组织通过并公开发布的标准。

2.1.6　国家标准　national standard
由国家标准机构通过并公开发布的标准。

2.1.7　行业标准　industry standard
由行业机构通过并公开发布的标准。

2.1.8　地方标准　local standard
在国家的某个地区通过并公开发布的标准。

2.1.9　团体标准　association standard
由具有法人资格且具备相应专业技术能力、标准化工作能力和组织管理能力的学会、协会、商会、联合会和产业技术联盟等社会团体按照团体确立的标准制定程序自主制定发布、由社会自愿采用的标准。

2.1.10　企业标准　enterprise standard
由企业通过供该企业使用的标准。

2.1.11　试行标准　trial standard
标准化机构通过并公开发布的暂行文件,目的是从它的应用中取得必要的经验,再据以建立正式的标准。

2.1.12　规范　code
规定产品、过程或服务应满足的技术要求的文件。
注:1　适宜时,规范宜指明可以判定其要求是否得到满足的程序。
　　2　规范可以是标准、标准的一个部分或标准以外的其他标准化文件。

2.1.13 规程 specification

为产品、过程或服务全生命周期的有关阶段推荐良好惯例或程序的文件。

注:规程可以是标准、标准的一个部分或标准以外的其他标准化文件。

2.1.14 法规 regulation

由权力机关通过、有约束力的法律性文件。

2.1.15 技术法规 technical regulation

规定技术要求的法规,它或者直接规定技术要求,或者通过引用标准、规范或规程提供技术要求,或者将标准、规范或规程的内容纳入法规中。

注:技术法规可附带技术指导,列出为了遵守法规要求可采取的某些途径,即视同符合条款。

2.2 代号说明

2.2.1 国家标准、工程建设标准代号说明见表 2.2.1。

表 2.2.1 国家标准、工程建设标准代号说明

序号	类别	标准代号	标准含义	标准主管部门
1	国家标准	GB GB/T	国家标准	国家质量监督检验检疫总局 中国国家标准化管理委员会
2		GB 50××× GB/T 50×××	工程建设国家标准	中华人民共和国住房和城乡建设部 国家质量监督检验检疫总局
3	行业标准	JGJ JGJ/T	工程建设行业标准	中华人民共和国住房和城乡建设部
4		JG/T	建筑工业行业标准	中华人民共和国住房和城乡建设部
5		JB/T	机械行业标准	中华人民共和国机械工业部 中华人民共和国工业和信息化部 国家发展和改革委员会

续表2.2.1

序号	类别	标准代号	标准含义	标准主管部门
6	行业标准	JTG JTG/T	交通行业标准	中华人民共和国交通运输部
7		CJJ CJJ/T	城市建设行业标准	中华人民共和国住房和城乡建设部
8		TB	铁道行业标准	原中华人民共和国铁道部 国家铁路局
9		SH/T	石油化工行业标准	中华人民共和国工业和信息化部 国家发展和改革委员会
10		YB/T	黑色冶金行业标准	原中华人民共和国冶金工业部 中华人民共和国工业和信息化部
11		YS/T	有色金属行业标准	国家有色金属工业局
12	团体标准	CECS T/CECS	工程建设协会标准 工程建设协会 团体标准	中国工程建设标准化委员会
13		T/CSCS	中国钢结构协会 团体标准	中国钢结构协会
14	地方标准	DG/TJ 08	上海市工程建设 地方标准	上海市建设和交通委员会
15	企业标准	Q/CR	中国铁路总公司 企业标准	中国铁路总公司

注:1　上述标准类别均为本索引收录的标准内容,每类标准后"/T"表示为推荐标准。

2　根据国家标准体系,今后将逐步取消行业标准和地方标准,一部分上升为国家标准,一部分将转为团体标准,以与国际接轨。

3 标准检索方法

3.0.1 常见标准的分类应参照国家标准《标准化工作指南 第1部分:标准化和相关活动的通用术语》GB/T 20000.1—2014,主要包括:基础标准、术语标准、符号标准、分类标准、试验标准、规范标准、规程标准、指南标准、产品标准、过程标准、服务标准、接口标准、界面标准、数据待定标准等。其中,建筑工程常见标准应包括以下类型:

1 试验标准,在适合指定目的的精确度范围内和给定环境下,全面描述试验活动以及得出结论的方式的标准。

2 规范标准,规定产品、过程或服务需要满足的要求以及用于判定其要求是否得到满足的证实方法的标准。

3 规程标准,为产品、过程或服务全生命周期的相关阶段推荐良好惯例或程序的标准。

4 指南标准,以适当的背景知识给出某主题的一般性、原则性、方向性的信息、指导或建议,而不推荐具体做法的标准。

5 产品标准,规定产品需要满足的要求以保证其适用性的标准。

6 过程标准,规定过程需要满足的要求以保证其适用性的标准。

3.0.2 我国标准体系的标准层次和标准级别的层次结构关系见图 3.0.2,其相互关系符合以下要求:

1 国家标准、行业标准、团体标准、地方标准、企业标准,根据标准发布机构的权威性,代表着不同标准级别;全国通用标准、行业通用标准、专业通用标准以及产品标准、服务标准、过程标准

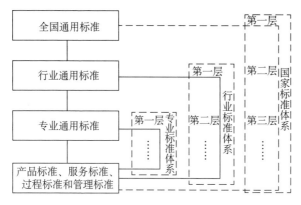

图 3.0.2　标准的层次结构关系图

和管理标准,根据标准适用的领域和范围,代表标准体系的不同层次。

2　国家标准体系的范围涵盖跨行业全国通用综合性标准、行业范围通用的标准、专业范围通用的标准,以及产品标准、服务标准、过程标准和管理标准。

3　行业标准体系是由行业主管部门规划、建设并维护的标准体系,涵盖本行业范围通用的标准、本行业的细分一级专业(二级专业……)标准,以及产品标准、服务标准、过程标准和管理标准。

4　团体标准是根据市场化机制由社会团体发布的标准,可能包括全国通用标准、行业通用标准、专业通用标准,以及产品标准、服务标准、过程标准和管理标准等。

3.0.3　在检索的标准中,如包含了对钢结构工程不同专业的描述,应收录在排名较前的专业处。

4 钢结构常用材料标准

4.1 钢材标准

4.1.1 GB/T 699《优质碳素结构钢》

【标准编号及版本】GB/T 699—2015

【标准名称】优质碳素结构钢

【施行日期】2016—11—01

【发布单位】中华人民共和国国家质量监督检验检疫总局、中国国家标准化管理委员会

【适用范围】本标准适用于公称直径或厚度不大于 250 mm 热轧和锻制优质碳素结构钢棒材。经供需双方协商,也可供应公称直径或厚度大于 250 mm 热轧和锻制优质碳素结构钢棒材。

【主要内容】本标准规定了优质碳素结构钢棒材的分类与代号,订货内容,尺寸、外形及重量,技术要求,试验方法,检验规则,包装、标志和质量证明书。

4.1.2 GB/T 700《碳素结构钢》

【标准编号及版本】GB/T 700—2006

【标准名称】碳素结构钢

【施行日期】2007—02—01

【发布单位】中华人民共和国国家质量监督检验检疫总局、中国国家标准化管理委员会

【适用范围】本标准适用于一般以交货状态使用,通常用于焊接、铆接、栓接工程结构用热轧钢板、钢带、型钢和钢棒等。本标准可

应用于钢结构设计、制造、材料检验及工程验收等环节。

【主要内容】本标准规定了碳素结构钢的牌号、尺寸、外形、重量及允许偏差、技术要求、试验方法、检测规则、包装、标志和质量证明书。

4.1.3 GB/T 706《热轧型钢》

【标准编号及版本】GB/T 706—2016

【标准名称】热轧型钢

【施行日期】2016—12—30

【发布单位】中华人民共和国国家质量监督检验检疫总局、中国国家标准化管理委员会

【适用范围】本标准适用于热轧等边钢、热轧不等边钢及腿部内侧有斜度的热轧工字钢和热轧槽钢。

【主要内容】本标准规定了热轧工字钢、热轧槽钢、热轧等边、热轧不等边角钢的订货内容、尺寸、外形、重量及允许偏差、技术要求、试验方法、检验规则、包装、标志及质量证明书。

4.1.4 GB/T 714《桥梁用结构钢》

【标准编号及版本】GB/T 714—2015

【标准名称】桥梁用结构钢

【施行日期】2016—06—01

【发布单位】中华人民共和国国家质量监督检验检疫总局、中国国家标准化管理委员会

【适用范围】本标准适用于厚度不大于150 mm的桥梁用结构钢板、厚度不大于25.4 mm的桥梁用结构钢带及剪切钢板，以及厚度不大于40 mm的桥梁用结构型钢。

【主要内容】本标准规定了桥梁用结构钢的术语和定义、牌号表示方法、订货内容、外形、尺寸、重量及允许偏差、技术要求、试验方法、验收规则、包装、标志和质量证明书。

4.1.5 GB/T 1591《低合金高强度结构钢》

【标准编号及版本】GB/T 1591—2018

【标准名称】低合金高强度结构钢

【施行日期】2019—02—01

【发布单位】中华人民共和国国家质量监督检验检疫总局、中国国家标准化管理委员会

【适用范围】本标准适用于一般结构和工程用低合金高强度结构钢钢板、钢带、型钢和钢棒等。其化学成分也适用于钢坯。

【主要内容】本标准规定了低合金高强度结构钢的牌号表示方法、订货内容、尺寸、外形、重量、技术要求、试验方法、检验规则、包装、标志和质量证明书。

4.1.6 GB/T 3280《不锈钢冷轧钢板和钢带》

【标准编号及版本】GB/T 3280—2015

【标准名称】不锈钢冷轧钢板和钢带

【施行日期】2016—06—01

【发布单位】中华人民共和国国家质量监督检验检疫总局、中国国家标准化管理委员会

【适用范围】本标准适用于耐腐蚀不锈钢冷轧宽钢带及其卷切定尺钢板、纵剪冷轧宽钢带及其卷切定尺钢带、冷轧窄钢带及其卷切定尺钢带,也适用于单张轧制的钢板。

【主要内容】本标准规定了不锈钢冷轧钢板和钢带的分类、代号、订货内容、尺寸、外形、重量及允许偏差、技术要求、试验方法、检验规则、包装、标志及质量证明书。

4.1.7 GB/T 4171《耐候结构钢》

【标准编号及版本】GB/T 4171—2008

【标准名称】耐候结构钢

【施行日期】2009—05—01

【发布单位】中华人民共和国国家质量监督检验检疫总局、中国国家标准化管理委员会

【适用范围】本标准适用于车辆、桥梁、集装箱、建筑、塔架和其他结构用具有耐大气腐蚀性能的热轧和冷轧的钢板、钢带和型钢。耐候钢可制作螺栓连接、铆接和焊接的结构件。

【主要内容】本标准规定了耐候结构钢的尺寸、外形、重量及允许偏差、技术要求、试验方法、检验规则、包装、标志及质量证明书。

4.1.8　GB/T 4237《不锈钢热轧钢板和钢带》

【标准编号及版本】GB/T 4237—2015

【标准名称】不锈钢热轧钢板和钢带

【施行日期】2016—06—01

【发布单位】中华人民共和国国家质量监督检验检疫总局、中国国家标准化管理委员会

【适用范围】本标准适用于耐腐蚀不锈钢热轧厚钢板、耐腐蚀不锈钢热轧宽钢带及其卷切定尺钢板、纵剪宽钢带，也适用于耐腐蚀不锈钢热轧窄钢带及其卷切定尺钢带。

【主要内容】本标准规定了不锈钢热轧钢板和钢带的分类、代号、订货内容、尺寸、外形、重量及允许偏差、技术要求、试验方法、检验规则、包装、标志及产品质量证明书。

4.1.9　GB/T 5313《厚度方向性能钢板》

【标准编号及版本】GB/T 5313—2010

【标准名称】厚度方向性能钢板

【施行日期】2011—09—01

【发布单位】中华人民共和国国家质量监督检验检疫总局、中国国家标准化管理委员会

【适用范围】本标准适用于厚度为 15 mm～400 mm 的镇静钢钢板。

【主要内容】本标准规定了钢板的厚度方向性能级别、试验方法及

检验规则。厚度方向性能级别是对钢板的抗层状撕裂的能力提供的一种量度,厚度方向性能采用厚度方向拉伸试验的断面收缩率来评定。

4.1.10 GB/T 6725《冷弯型钢通用技术要求》

【标准编号及版本】GB/T 6725—2017

【标准名称】冷弯型钢通用技术要求

【施行日期】2017—12—01

【发布单位】中华人民共和国国家质量监督检验检疫总局、中国国家标准化管理委员会

【适用范围】本标准适用于冷加工变形的冷轧或热轧钢板和钢带在连续辊式冷弯机组上生产的冷弯型钢。

【主要内容】本标准规定了冷弯型钢的订货内容、分类和代号、外形、尺寸、重量及允许偏差、技术要求、试验方法、验收规则、包装、标志和质量证明书。

4.1.11 GB/T 8162《结构用无缝钢管》

【标准编号及版本】GB/T 8162—2018

【标准名称】结构用无缝钢管

【施行日期】2019—02—01

【发布单位】中华人民共和国国家质量监督检验检疫总局、中国国家标准化管理委员会

【适用范围】本标准适用于机械结构、一般工程结构用无缝钢管的订货和检验。

【主要内容】本标准规定结构用无缝钢管的订货内容、尺寸、外形重量、技术要求、试验方法、检验规则、包装和质量证明书。

4.1.12 GB/T 11263《热轧 H 型钢和剖分 T 型钢》

【标准编号及版本】GB/T 11263—2017

【标准名称】热轧 H 型钢和剖分 T 型钢
【施行日期】2017—12—01
【发布单位】中华人民共和国国家质量监督检验检疫总局、中国国家标准化管理委员会
【适用范围】本标准适用于热轧 H 型钢和由热轧 H 型钢剖分的 T 型钢。
【主要内容】本标准规定了热轧 H 型钢和由热轧 H 型部分的 T 型钢的订货内容、分类、代号、尺寸、外形、重量及允许偏差、技术要求、试验方法、检验规则、包装、标志、质量证明书。

4.1.13 GB/T 11352《一般工程用铸造碳钢件》

【标准编号及版本】GB/T 11352—2009
【标准名称】一般工程用铸造碳钢件
【施行日期】2009—09—01
【发布单位】中华人民共和国国家质量监督检验检疫总局、中国国家标准化管理委员会
【适用范围】本标准适用于一般工程用铸造碳钢件。
【主要内容】本标准规定了一般工程用铸造碳钢件的牌号、技术要求、试验方法、检验规则及标志、包装、贮运等。

4.1.14 GB/T 12770《机械结构用不锈钢焊接钢管》

【标准编号及版本】GB/T 12770—2012
【标准名称】机械结构用不锈钢焊接钢管
【施行日期】2013—05—01
【发布单位】中华人民共和国国家质量监督检验检疫总局、中国国家标准化管理委员会
【适用范围】本标准适用于机械、汽车、自行车、家具及其他机械部件与结构件用不锈钢焊接钢管。
【主要内容】本标准规定了机械结构用不锈钢焊接钢管的分类及

代号、订货内容、尺寸、外形、重量及允许偏差、技术要求、试验方法、检验规则、包装、标志和质量证明书。

4.1.15 GB/T 14975《结构用不锈钢无缝钢管》

【标准编号及版本】GB/T 14975—2012

【标准名称】结构用不锈钢无缝钢管

【施行日期】2013—05—01

【发布单位】中华人民共和国国家质量监督检验检疫总局、中国国家标准化管理委员会

【适用范围】本标准适用于一般结构或机械结构用不锈钢无缝钢管。

【主要内容】本标准规定了结构用不锈钢无缝钢管的分类和代号、订货内容、尺寸、外形、重量、技术要求、试验方法、检验规则、包装、标志和质量证明书。

4.1.16 GB/T 19879《建筑结构用钢板》

【标准编号及版本】GB/T 19879—2015

【标准名称】建筑结构用钢板

【施行日期】2016—11—01

【发布单位】中华人民共和国国家质量监督检验检疫总局、中国国家标准化管理委员会

【适用范围】本标准适用于制造高层建筑结构、大跨度结构及其他重要建筑结构用厚度 6 mm～200 mm 的 Q345GJ,厚度 6 mm～150 mm 的 Q235GJ、Q390GJ、Q420GJ、Q490GJ 及厚度 12 mm～40 mm 的 Q500GJ、Q550GJ、Q620GJ、Q690GJ 热轧钢板、钢带。

【主要内容】本标准规定了建筑结构用钢板的牌号表示方法、订货内容、尺寸、外形、重量及允许偏差、技术要求、试验方法、检验规则、包装、标志和质量证明书等。

4.1.17 GB/T 20878《不锈钢和耐热钢 牌号及化学成分》

【标准编号及版本】GB/T 20878—2007

【标准名称】不锈钢和耐热钢 牌号及化学成分

【施行日期】2007—10—01

【发布单位】中华人民共和国国家质量监督检验检疫总局、中国国家标准化管理委员会

【适用范围】本标准适用于不锈钢和耐热钢的选用及牌号和化学成分的确认。

【主要内容】本标准规定了不锈钢和耐热钢牌号及其化学成分,并以资料性附录的形式列入了部分牌号的物理参数、国外标准牌号对照表、不锈钢和耐热钢牌号适用标准等。

4.1.18 GB/T 25821《不锈钢钢绞线》

【标准编号及版本】GB/T 25821—2010

【标准名称】不锈钢钢绞线

【施行日期】2011—09—01

【发布单位】中华人民共和国国家质量监督检验检疫总局、中国国家标准化管理委员会

【适用范围】本标准适用于由多根圆形截面不锈钢钢丝组成的主要用于吊架、悬挂、栓系、固定物件及地面架空线、建筑用拉索、缆索用的钢绞线。

【主要内容】本标准规定了不锈钢钢绞线的分类、订货内容、尺寸、技术要求、试验方法、检验规则、包装、标志和质量证明书。

4.1.19 GB/T 28414《抗震结构用型钢》

【标准编号及版本】GB/T 28414—2012

【标准名称】抗震结构用型钢

【施行日期】2013—03—01

【发布单位】中华人民共和国国家质量监督检验检疫总局、中国国

家标准化管理委员会

【适用范围】本标准适用于螺栓连接、铆接和焊接的结构用热轧型钢。

【主要内容】本标准规定了抗震结构用型钢的术语和定义、分类、牌号、尺寸、外形、重量及允许偏差、技术要求、试验方法、检验规则、包装、标志和质量证明书等。

4.1.20 GB/T 28905《建筑用低屈服强度钢板》

【标准编号及版本】GB/T 28905—2012

【标准名称】建筑用低屈服强度钢板

【施行日期】2013—05—01

【发布单位】中华人民共和国国家质量监督检验检疫总局、中国国家标准化管理委员会

【适用范围】本标准适用于制造建筑抗震耗能等构件的厚度不大于 100 mm 的厚钢板。

【主要内容】本标准规定了建筑用低屈服强度钢板的牌号表示方法、订货内容、尺寸、外形、技术要求、试验方法、检验规则及包装、标志、质量证明书等。

4.1.21 GB/T 33814《焊接 H 型钢》

【标准编号及版本】GB/T 33814—2017

【标准名称】焊接 H 型钢

【施行日期】2018—02—01

【发布单位】中华人民共和国国家质量监督检验检疫总局、中国国家标准化管理委员会

【适用范围】本标准适用于焊接 H 型钢的选用、制作及验收。

【主要内容】本标准规定了焊接 H 型钢的订货内容、代号及规格表示方法、尺寸、外形、重量及允许偏差、技术要求和生产、检验规则、包装、标志及质量证明书。

4.1.22 JG/T 137《结构用高频焊接薄壁 H 型钢》

【标准编号及版本】JG/T 137—2007

【标准名称】结构用高频焊接薄壁 H 型钢

【施行日期】2007—11—01

【发布单位】中华人民共和国建设部

【适用范围】本标准适用于工业与民用建筑和一般构筑物等钢结构使用的经连续高频焊接而成的薄壁 H 型钢。

【主要内容】本标准规定了结构用高频焊接薄壁 H 型钢的术语和定义、代号与标记、要求、试验和检测方法、检验规则、标志、包装、运输和贮存等。

4.1.23 JG/T 300《建筑结构用铸钢管》

【标准编号及版本】JG/T 300—2011

【标准名称】建筑结构用铸钢管

【施行日期】2011—10—01

【发布单位】中华人民共和国住房和城乡建设部

【适用范围】本标准适用于用于离心铸造工艺生产的铸钢管,产品主要用于建筑钢结构、塔桅结构与桥梁结构等。

【主要内容】本标准规定了建筑结构用离心工艺制造铸钢管的牌号表示方法、技术要求、制造工艺与交货状态、试验方法、检验规则及标志、包装和质量证明书等。

4.1.24 YB/T 4624《桥梁钢结构用 U 形肋冷弯型钢》

【标准编号及版本】YB/T 4624—2017

【标准名称】桥梁钢结构用 U 形肋冷弯型钢

【施行日期】2018—01—01

【发布单位】中华人民共和国工业和信息化部

【适用范围】本标准适用于采用热轧钢板或钢带生产的桥梁钢结构用 U 形肋冷弯型钢。

【主要内容】本标准规定了桥梁钢结构用 U 形肋冷弯型钢的分类、代号、技术要求、尺寸、外形、重量及允许偏差、试验方法、检验规则、包装、标志和质量证明书等。

4.1.25　YB/T 4757《波浪腹板焊接 H 型钢》

【标准编号及版本】YB/T 4757—2019
【标准名称】波浪腹板焊接 H 型钢
【施行日期】2020—01—01
【发布单位】中华人民共和国工业和信息化部
【适用范围】本标准适用于波浪腹板焊接 H 型钢。
【主要内容】本标准规定了波浪腹板焊接 H 型钢的代号、订货内容、尺寸、外形、重量及允许偏差、技术要求、焊接检验、检验规则、复验规则、包装、标志及质量证明书。

4.1.26　YB/T 4832《重型热轧 H 型钢》

【标准编号及版本】YB/T 4832—2020
【标准名称】重型热轧 H 型钢
【施行日期】2020—12—31
【发布单位】中华人民共和国工业和信息化部
【适用范围】本标准适用于米重不低于 300 kg 或翼缘厚度不小于 40 mm 的重型热轧 H 型钢。
【主要内容】本标准规定了重型热轧 H 型钢的订货内容、代号、尺寸、外形、重量及允许偏差、技术要求、试验方法、检验规则、包装、标志及质量证明书。

4.1.27　T/CSCS TC02—02《建筑结构用方矩管》

【标准编号及版本】T/CSCS TC02—02—2018
【标准名称】建筑结构用方矩管
【施行日期】2018—09—21

【发布单位】中国钢结构协会

【适用范围】本标准适用于建筑结构用方矩管。

【主要内容】本标准规定了建筑结构用方矩管的技术要求、试验方法、检验规则、标志及包装。

4.1.28　T/CSCS TC02—03《机械结构用方矩管》

【标准编号及版本】T/CSCS TC02—03—2018

【标准名称】机械结构用方矩管

【施行日期】2018—09—21

【发布单位】中国钢结构协会

【适用范围】本标准适用于机械结构用方矩管。

【主要内容】本标准规定了机械结构用方矩管的技术要求、试验方法、检验规则、标志及包装。

4.1.29　T/CSCS TC02—04《结构用热镀锌方矩管》

【标准编号及版本】T/CSCS TC02—02—2018

【标准名称】结构用热镀锌方矩管

【施行日期】2018—09—21

【发布单位】中国钢结构协会

【适用范围】本标准适用于结构用热镀锌方矩管。

【主要内容】本标准规定了结构用热镀锌方矩管的技术要求、试验方法、检验规则、标志及包装。

4.2　焊接材料标准

4.2.1　GB/T 5117《非合金钢及细晶粒钢焊条》

【标准编号及版本】GB/T 5117—2012

【标准名称】非合金钢及细晶粒钢焊条

【施行日期】2013—03—01

【发布单位】中华人民共和国国家质量监督检验检疫总局、中国国家标准化管理委员会

【适用范围】本标准适用于抗拉强度低于 570 MPa 的非合金钢及细晶粒钢焊条。

【主要内容】本标准规定了非合金及细晶粒钢焊条的型号、技术要求、试验方法、检验规则、包装、标志和质量证明。

4.2.2　GB/T 5118《热强钢焊条》

【标准编号及版本】GB/T 5118—2012

【标准名称】热强钢焊条

【施行日期】2013—03—01

【发布单位】中华人民共和国国家质量监督检验检疫总局、中国国家标准化管理委员会

【适用范围】本标准适用于焊条电弧焊用热强钢焊条。

【主要内容】本标准规定了热强钢焊条的型号、技术要求、试验方法、检验规则、包装、标志和质量证明。

4.2.3　GB/T 5293《埋弧焊用非合金钢及细晶粒钢实心焊丝、药芯焊丝和焊丝-焊剂组合分类要求》

【标准编号及版本】GB/T 5293—2018

【标准名称】埋弧焊用非合金钢及细晶粒钢实心焊丝、药芯焊丝和焊丝-焊剂组合分类要求

【施行日期】2018—10—01

【发布单位】中华人民共和国国家质量监督检验检疫总局、中国国家标准化管理委员会

【适用范围】本标准适用于埋弧焊用非合金钢及细晶粒钢实心焊丝分类,以及最小抗拉强度要求值不大于 570 MPa 的焊丝-焊剂组合的分类要求。

【主要内容】本标准规定了埋弧焊用非合金钢及细晶粒钢实心焊

丝、药芯焊丝和焊丝-焊剂组合的分类、技术要求、试验方法、复验和供货技术条件等内容。

4.2.4 GB/T 8110《气体保护电弧焊用碳钢、低合金钢焊丝》

【标准编号及版本】GB/T 8110—2008

【标准名称】气体保护电弧焊用碳钢、低合金钢焊丝

【施行日期】2009—01—01

【发布单位】中华人民共和国国家质量监督检验检疫总局、中国国家标准化管理委员会

【适用范围】本标准适用于熔化极气体保护电弧焊、钨极气体保护电弧焊及等离子弧焊等焊接用碳钢、低合金钢实心焊丝和填充丝。

【主要内容】本标准规定了气体保护电弧焊用碳钢、低合金钢实心焊丝和填充丝的分类和型号、技术要求、试验方法、检验规则、包装、标志及品质证明书。

4.2.5 GB/T 10045《非合金钢及细晶粒钢药芯焊丝》

【标准编号及版本】GB/T 10045—2018

【标准名称】非合金钢及细晶粒钢药芯焊丝

【施行日期】2018—12—01

【发布单位】国家市场监督管理总局、中国国家标准化管理委员会

【适用范围】本标准适用于最小抗拉强度要求值不大于 570 MPa 的气体保护和自保护电弧焊用非合金钢及细晶粒钢药芯焊丝。

【主要内容】本标准规定了非合金钢及细晶粒钢药芯焊丝的型号、技术要求、试验方法、复验和供货技术条件等内容。

4.2.6 GB/T 10433《电弧螺柱焊用圆柱头焊钉》

【标准编号及版本】GB/T 10433—2002

【标准名称】电弧螺柱焊用圆柱头焊钉

【施行日期】2003—06—01

【发布单位】中华人民共和国国家质量监督检验检疫总局

【适用范围】本标准适用于土木建筑工程中各类结构的抗剪件、埋设件及锚固件。

【主要内容】本标准规定了公称直径为 10~25 mm 的电弧螺柱焊用圆柱头焊钉。

4.2.7 GB/T 12470《埋弧焊用热强钢实心焊丝、药芯焊丝和焊丝-焊剂组合分类要求》

【标准编号及版本】GB/T 12470—2018

【标准名称】埋弧焊用热强钢实心焊丝、药芯焊丝和焊丝-焊剂组合分类要求

【施行日期】22018—10—01

【发布单位】中华人民共和国国家质量监督检验检疫总局、中国国家标准化管理委员会

【适用范围】本标准适用于埋弧焊用热强钢实心焊丝、药芯焊丝和焊丝-焊剂组合的分类要求。

【主要内容】本标准规定了埋弧焊用热强钢实心焊丝、药芯焊丝和焊丝-焊剂组合的分类、技术要求、试验方法、复验和供货技术条件等内容。

4.2.8 GB/T 14957《熔化焊用钢丝》

【标准编号及版本】GB/T 14957—94

【标准名称】熔化焊用钢丝

【施行日期】1995—01—01

【发布单位】国家技术监督局

【适用范围】本标准主要适用于电弧焊、埋弧自动焊和半自动焊、电渣焊和气焊等用途的冷拉钢丝。

【主要内容】本标准规定了熔化焊用钢丝(简称焊丝)的尺寸、外

形、重量、技术要求、试验方法、检验规则、包装、运输、贮存标志及质量证明书等。

4.2.9　GB/T 17493《热强钢药芯焊丝》
【标准编号及版本】GB/T 17493—2018
【标准名称】热强钢药芯焊丝
【施行日期】2018—12—01
【发布单位】国家市场监督管理总局、中国国家标准化管理委员会
【适用范围】本标准适用于气体保护电弧焊用热强钢药芯焊丝。
【主要内容】本标准规定了热强钢药芯焊丝的型号、技术要求、试验方法、复验和供货技术条件等内容。

4.2.10　GB/T 983《不锈钢焊条》
【标准编号及版本】GB/T 983—2012
【标准名称】不锈钢焊条
【施行日期】2013—03—01
【发布单位】中华人民共和国国家质量监督检验检疫总局、中国国家标准化管理委员会
【适用范围】本标准适用于熔敷金属中铬含量大于11%的不锈钢焊条。
【主要内容】本标准规定了不锈钢焊条的型号、技术要求、试验方法、检验规则、包装、标志和质量证明。

4.2.11　GB/T 17853《不锈钢药芯焊丝》
【标准编号及版本】GB/T 17853—2018
【标准名称】不锈钢药芯焊丝
【施行日期】2018—12—01
【发布单位】国家市场监督管理总局、中国国家标准化管理委员会
【适用范围】本标准适用于熔化极气体保护和自保护电弧焊用不

锈钢药芯焊丝及钨极惰性气体保护焊用不锈钢药芯填充丝。

【主要内容】本标准规定了不锈钢药芯焊丝及填充丝的型号、技术要求、试验方法、复验和供货技术条件等内容。

4.2.12 GB/T 17854《埋弧焊用不锈钢焊丝-焊剂组合分类要求》

【标准编号及版本】GB/T 17854—2018

【标准名称】埋弧焊用不锈钢焊丝-焊剂组合分类要求

【施行日期】2018—10—01

【发布单位】中华人民共和国国家质量监督检验检疫总局、中国国家标准化管理委员会

【适用范围】本标准适用于埋弧焊用不锈钢焊丝-焊剂组合的分类要求,其熔敷金属中铬含量不小于11%,镍含量不大于38%。

【主要内容】本标准规定了埋弧焊用不锈钢焊丝-焊剂组合的分类、技术要求、试验方法、复验和供货技术条件等内容。

4.2.13 GB/T 36034《埋弧焊用高强钢实心焊丝、药芯焊丝和焊丝-焊剂组合分类要求》

【标准编号及版本】GB/T 36034—2018

【标准名称】埋弧焊用高强钢实心焊丝、药芯焊丝和焊丝-焊剂组合分类要求

【施行日期】2018—10—01

【发布单位】中华人民共和国国家质量监督检验检疫总局、中国国家标准化管理委员会

【适用范围】本标准适用于埋弧焊用高强钢实心焊丝分类,以及最小抗拉强度要求值不小于 590 MPa 的焊丝-焊剂组合的分类要求。

【主要内容】本标准规定了埋弧焊用高强钢实心焊丝、药芯焊丝和焊丝-焊剂组合的分类、技术要求、试验方法、复验和供货技术条件等内容。

4.2.14 GB/T 36037《埋弧焊和电渣焊用焊剂》

【标准编号及版本】GB/T 36037—2018

【标准名称】埋弧焊和电渣焊用焊剂

【施行日期】2018—10—01

【发布单位】中华人民共和国国家质量监督检验检疫总局、中国国家标准化管理委员会

【适用范围】本标准适用于埋弧焊和电渣焊用焊剂。

【主要内容】本标准规定了埋弧焊和电渣焊用焊剂的型号、分类代号、技术要求、试验方法、复验和供货技术条件等内容。

4.2.15 GB/T 6052《工业液体二氧化碳》

【标准编号及版本】GB/T 6052—2011

【标准名称】工业液体二氧化碳

【施行日期】2012—10—01

【发布单位】中华人民共和国国家质量监督检验检疫总局、中国国家标准化管理委员会

【适用范围】本标准适用于由石灰窑气、发酵气、烃类转化气制取的以及由工业排放气回收制取的液体二氧化碳,主要用于焊接、化工、铸型、制冷、化纤、农业和科研等部门和领域。

【主要内容】本标准规定了工业用和焊接用液体二氧化碳的技术要求、试验方法、包装、标志、储存与运输。

4.2.16 GB/T 4842《氩》

【标准编号及版本】GB/T 4842—2017

【标准名称】氩

【施行日期】2018—05—01

【发布单位】中华人民共和国国家质量监督检验检疫总局、中国国家标准化管理委员会

【适用范围】本标准适用于深冷法从空气、合成氨尾气中提取的气

态和液态纯氩和高纯氩，以及经净化方法得到的纯氩和高纯氩。

【主要内容】本标准规定了纯氩、高纯氩的技术要求、检验规则、试验方法以及包装、标志、贮运及安全警示。

4.3 螺栓及连接材料标准

4.3.1 GB/T 1228《钢结构用高强度大六角头螺栓》

【标准编号及版本】GB/T 1228—2006

【标准名称】钢结构用高强度大六角头螺栓

【施行日期】2006—11—01

【发布单位】中华人民共和国国家质量监督检验检疫总局、中国国家标准化管理委员会

【适用范围】本标准适用于铁路和公路桥梁、锅炉钢结构、工业厂房、高层民用建筑、塔桅结构、起重机械及其他钢结构摩擦型高强度螺栓连接。

【主要内容】本标准规定了螺纹规格为 M12～M30 高强度大六角头螺栓的型式尺寸、技术要求及标记。

4.3.2 GB/T 1229《钢结构用高强度大六角螺母》

【标准编号及版本】GB/T 1229—2006

【标准名称】钢结构用高强度大六角螺母

【施行日期】2006—11—01

【发布单位】中华人民共和国国家质量监督检验检疫总局、中国国家标准化管理委员会

【适用范围】本标准适用于与 GB/T 1228《钢结构用高强度大六角头螺栓》配套使用的钢结构摩擦型高强度螺栓连接副。

【主要内容】本标准规定了螺纹规格为 M12～M30 高强度大六角螺母的型式尺寸、技术要求及标记。

4.3.3 GB/T 1230《钢结构用高强度垫圈》

【标准编号及版本】GB/T 1230—2006

【标准名称】钢结构用高强度垫圈

【施行日期】2006—11—01

【发布单位】中华人民共和国国家质量监督检验检疫总局、中国国家标准化管理委员会

【适用范围】本标准适用于与 GB/T 1228《钢结构用高强度大六角头螺栓》配套使用的钢结构摩擦型高强度螺栓连接副。

【主要内容】本标准规定了规格为 12 mm～30 mm 高强度垫圈的型式尺寸、技术要求及标记。

4.3.4 GB/T 1231《钢结构用高强度大六角头螺栓、大六角螺母、垫圈技术条件》

【标准编号及版本】GB/T 1231—2006

【标准名称】钢结构用高强度大六角头螺栓、大六角螺母、垫圈技术条件

【施行日期】2006—11—01

【发布单位】中华人民共和国国家质量监督检验检疫总局、中国国家标准化管理委员会

【适用范围】本标准适用于铁路和公路桥梁、锅炉钢结构、工业厂房、高层民用建筑、塔桅结构、起重机械及其他钢结构摩擦型高强度螺栓连接。

【主要内容】本标准规定了钢结构用高强度大六角头螺栓、大六角螺母、垫圈及连接副的技术要求、试验方法、检验规则、标志及包装。

4.3.5 GB/T 3632《钢结构用扭剪型高强度螺栓连接副》

【标准编号及版本】GB/T 3632—2008

【标准名称】钢结构用扭剪型高强度螺栓连接副

【施行日期】2008—07—01

【发布单位】中华人民共和国国家质量监督检验检疫总局、中国国家标准化管理委员会

【适用范围】本标准适用于工业与民用建筑、桥梁、塔桅结构、锅炉钢结构、起重机械及其他钢结构用扭剪型高强度螺栓连接副。

【主要内容】本标准规定了螺纹规格为 M16～M30 钢结构用扭剪型高强度螺栓连接副的型式尺寸、技术要求、试验方法、标记方法及验收与包装。

4.3.6　GB/T 5282《开槽盘头自攻螺钉》

【标准编号及版本】GB/T 5282—2017

【标准名称】开槽盘头自攻螺钉

【施行日期】2018—02—01

【发布单位】中华人民共和国国家质量监督检验检疫总局、中国国家标准化管理委员会

【适用范围】本标准适用于螺纹规格为 ST2.2～ST9.5、产品等级为 A 级的开槽盘头自攻螺钉。

【主要内容】本标准规定了开槽盘头自攻螺钉的型式尺寸、技术条件和标记。

4.3.7　GB/T 5283《开槽沉头自攻螺钉》

【标准编号及版本】GB/T 5283—2017

【标准名称】开槽沉头自攻螺钉

【施行日期】2018—02—01

【发布单位】中华人民共和国国家质量监督检验检疫总局、中国国家标准化管理委员会

【适用范围】本标准适用于螺纹规格为 ST2.2～ST9.5、产品等级为 A 级的开槽沉头自攻螺钉。

【主要内容】本标准规定了开槽沉头自攻螺钉的型式尺寸、技术条件和标记。

4.3.8　GB/T 5284《开槽半沉头自攻螺钉》

【标准编号及版本】GB/T 5284—2017

【标准名称】开槽半沉头自攻螺钉

【施行日期】2018—02—01

【发布单位】中华人民共和国国家质量监督检验检疫总局、中国国家标准化管理委员会

【适用范围】本标准适用于螺纹规格为 ST2.2～ST9.5、产品等级为 A 级的开槽半沉头自攻螺钉。

【主要内容】本标准规定了开槽半沉头自攻螺钉的型式尺寸、技术条件和标记。

4.3.9　GB/T 5285《六角头自攻螺钉》

【标准编号及版本】GB/T 5285—2017

【标准名称】六角头自攻螺钉

【施行日期】2018—02—01

【发布单位】中华人民共和国国家质量监督检验检疫总局、中国国家标准化管理委员会

【适用范围】本标准适用于螺纹规格为 ST2.2～ST9.5、产品等级为 A 级的六角头自攻螺钉。

【主要内容】本标准规定了六角头自攻螺钉的型式尺寸、技术条件和标记。

4.3.10　GB/T 12615.1《封闭型平圆头抽芯铆钉　11 级》

【标准编号及版本】GB/T 12615.1—2004

【标准名称】封闭型平圆头抽芯铆钉　11 级

【施行日期】2004—08—01

【发布单位】中华人民共和国国家质量监督检验检疫总局、中国国家标准化管理委员会

【适用范围】本标准适用于钉体直径 d＝3.2～6.4 mm、钉体材料

为铝合金(AlA)、钉芯材料为钢(St)的封闭型平圆头抽芯铆钉。

【主要内容】本标准规定了钉体直径 $d=3.2\sim6.4$ mm、钉体材料为铝合金(AlA)、钉芯材料为钢(St)、性能等级为 11 级的封闭型平圆头抽芯铆钉的机械性能和应用数据。

4.3.11 GB/T 12615.2《封闭型平圆头抽芯铆钉 30 级》

【标准编号及版本】GB/T 12615.2—2004

【标准名称】封闭型平圆头抽芯铆钉 30 级

【施行日期】2004—08—01

【发布单位】中华人民共和国国家质量监督检验检疫总局、中国国家标准化管理委员会

【适用范围】本标准适用于钉体直径 $d=3.2\sim6.4$ mm、钉体材料为钢(St)、钉芯材料为钢(St)的封闭型平圆头抽芯铆钉。

【主要内容】本标准规定了钉体直径 $d=3.2\sim6.4$ mm、钉体材料为钢(St)、钉芯材料为钢(St)、性能等级为 30 级的封闭型平圆头抽芯铆钉的机械性能和应用数据。

4.3.12 GB/T 12615.3《封闭型平圆头抽芯铆钉 06 级》

【标准编号及版本】GB/T 12615.3—2004

【标准名称】封闭型平圆头抽芯铆钉 06 级

【施行日期】2004—08—01

【发布单位】中华人民共和国国家质量监督检验检疫总局、中国国家标准化管理委员会

【适用范围】本标准适用于钉体直径 $d=3.2\sim6.4$ mm、钉体材料为铝(Al)、钉芯材料为铝合金(AlA)的封闭型平圆头抽芯铆钉。

【主要内容】本标准规定了钉体直径 $d=3.2\sim6.4$ mm、钉体材料为铝(Al)、钉芯材料为铝合金(AlA)、性能等级为 06 级的封闭型平圆头抽芯铆钉的机械性能和应用数据。

4.3.13 GB/T 12615.4《封闭型平圆头抽芯铆钉 51 级》

【标准编号及版本】GB/T 12615.4—2004

【标准名称】封闭型平圆头抽芯铆钉 51 级

【施行日期】2004—08—01

【发布单位】中华人民共和国国家质量监督检验检疫总局、中国国家标准化管理委员会

【适用范围】本标准适用于钉体直径 $d=3.2\sim6.4$ mm、钉体材料为奥氏体不锈钢(A2)、钉芯材料为不锈钢(SSt)的封闭型平圆头抽芯铆钉。

【主要内容】本标准规定了钉体直径 $d=3.2\sim6.4$ mm、钉体材料为奥氏体不锈钢(A2)、钉芯材料为不锈钢(SSt)、性能等级为51 级的封闭型平圆头抽芯铆钉的机械性能和应用数据。

4.3.14 GB/T 33943《钢结构用高强度锚栓连接副》

【标准编号及版本】GB/T 33943—2017

【标准名称】钢结构用高强度锚栓连接副

【施行日期】2018—02—01

【发布单位】中华人民共和国国家质量监督检验检疫总局、中国国家标准化管理委员会

【适用范围】本标准适用于建筑物和构筑物基础的锚固用钢结构用高强度锚栓连接副。

【主要内容】本标准规定了由碳钢、合金钢制造的、螺纹规格为M20~M64 的钢结构用高强度锚栓连接副。

4.4 涂装材料标准

4.4.1 GB 14907《钢结构防火涂料》

【标准编号及版本】GB 14907—2018

【标准名称】钢结构防火涂料

【施行日期】2019—06—01

【发布单位】国家市场监督管理总局、中国国家标准化管理委员会

【适用范围】本标准适用于建(构)筑物钢结构表面使用的各类钢结构防火涂料。

【主要内容】本标准规定了钢结构防火涂料的术语和定义、分类和型号、技术要求、试验方法、检验规则及标志、包装、运输和贮存。

4.4.2 JG/T 224《建筑用钢结构防腐涂料》

【标准编号及版本】JG/T 224—2007

【标准名称】建筑用钢结构防腐涂料

【施行日期】2008—01—01

【发布单位】中华人民共和国建设部

【适用范围】本标准适用于在大气环境下建筑钢结构防护用底漆、中间漆和面漆,也适用于大气环境下其他钢结构防护用底漆、中间漆和面漆。

【主要内容】本标准规定了建筑用钢结构防腐添料的分类、技术指标、试验方法、检验规则及标志、包装运输、贮存等要求。

4.5　围护结构材料标准

4.5.1　GB/T 2518《连续热镀锌和锌合金镀层钢板及钢带》

【标准编号及版本】GB/T 2518—2019

【标准名称】连续热镀锌和锌合金镀层钢板与钢带

【施行日期】2020—07—01

【发布单位】国家市场监督管理总局、国家标准化管理委员会

【适用范围】本标准适用于汽车、建筑、家电等行业用厚度为0.02 mm～6.0 mm 的钢板及钢带。

【主要内容】本标准规定了联系热镀锌、锌铁合金、锌铝合金和铝锌合金镀层钢板及钢带的术语和定义、分类、代号及牌号表示方

法、订货内容、尺寸、外形、重量、技术要求、试验方法、检验规则、包装、标志及质量证明书。

4.5.2 GB/T 3190《变形铝及铝合金化学成分》
【标准编号及版本】GB/T 3190—2020
【标准名称】变形铝与铝合金化学成分
【施行日期】2021—02—01
【发布单位】国家市场监督管理总局、中国国家标准化管理委员会
【适用范围】本标准适用于以压力加工方法生产的铝及铝合金加工产品及其所用的铸锭和坯料。
【主要内容】本标准规定了变形铝及铝合金的化学成分。

4.5.3 GB/T 5237.1《铝合金建筑型材 第1部分：基材》
【标准编号及版本】GB/T 5237.1—2017
【标准名称】铝合金建筑型材 第1部分：基材
【施行日期】2018—07—01
【发布单位】中华人民共和国国家质量监督检验检疫总局、中国国家标准化管理委员会
【适用范围】本标准适用于门、窗、幕墙、护栏等建筑用的、未经表面处理的铝合金热挤压型材。
【主要内容】本标准规定了铝合金建筑型材用基材的术语和定义、要求、试验方法、检验规则、标志、包装、运输、贮存、质量证明书及订货单（或合同）内容。

4.5.4 GB/T 12754《彩色涂层钢板及钢带》
【标准编号及版本】GB/T 12754—2019
【标准名称】彩色涂层钢板及钢带
【施行日期】2020—02—01
【发布单位】国家市场监督管理总局、中国国家标准化管理委员会

【适用范围】本标准适用于建筑内、外用途的彩色涂层钢板及钢带。

【主要内容】本标准规定了彩色涂层钢板及钢带的术语和定义,牌号表示方法、分类及代号,订货内容,尺寸、外形、重量,技术要求,试验方法,检验规则,包装、标志及质量证明书。

4.5.5 GB/T 12755《建筑用压型钢板》

【标准编号及版本】GB/T 12755—2008

【标准名称】建筑用压型钢板

【施行日期】2009—10—01

【发布单位】中华人民共和国国家质量监督检验检疫总局、中国国家标准化管理委员会

【适用范围】本标准适用于在连续式机组上经辊压冷弯成型的建筑用压型钢板,包括用于屋面、墙面与楼盖等部位的各类板型。

【主要内容】本标准规定了各类建筑用压型钢板的分类、代号、板型和构造要求、截面形状尺寸、技术要求、质量检验和允许偏差、包装、标志、质量证明书等。

4.5.6 GB/T 16474《变形铝及铝合金牌号表示方法》

【标准编号及版本】GB/T 16474—2011

【标准名称】变形铝及铝合金牌号表示方法

【施行日期】2012—10—01

【发布单位】中华人民共和国国家质量监督检验检疫总局、中国国家标准化管理委员会

【适用范围】本标准适用于变形铝及铝合金加工产品及其坯料。

【主要内容】本标准规定了变形铝与铝合金牌号表示方法。

4.5.7 GB 16776《建筑用硅酮结构密封胶》

【标准编号及版本】GB 16776—2005

【标准名称】建筑用硅酮结构密封胶

【施行日期】2006—05—01

【发布单位】中华人民共和国国家质量监督检验检疫总局、中国国家标准化管理委员会

【适用范围】本标准适用于建筑幕墙及其他结构粘接装配用硅酮结构密封胶。

【主要内容】本标准规定了建筑用硅酮结构密封胶的术语、分类和标记、要求、试验方法、检验规则及标志、包装、运输与贮存。

4.5.8 GB/T 5574《工业用橡胶板》

【标准编号及版本】GB/T 5574—2008

【标准名称】工业用橡胶板

【施行日期】2008—10—01

【发布单位】中华人民共和国国家质量监督检验检疫总局、中国国家标准化管理委员会

【适用范围】本标准适用于由天然橡胶或合成橡胶为主体材料制成的工业用橡胶板或截面为矩形的胶条制品。

【主要内容】本标准规定了工业用橡胶板的规格尺寸、分类、标记、要求、试验方法、检验规则及标志、包装、运输与贮存。

4.5.9 GB/T 11835《绝热用岩棉、矿渣棉及其制品》

【标准编号及版本】GB/T 11835—2016

【标准名称】绝热用岩棉、矿渣棉及其制品

【施行日期】2017—09—01

【发布单位】中华人民共和国国家质量监督检验检疫总局、中国国家标准化管理委员会

【适用范围】本标准适用于设备及管道上使用的岩棉、矿渣棉及其制品。

【主要内容】本标准规定了绝热用岩棉、矿渣棉及其制品的术语和

定义、分类和标记、要求、试验方法、检验规则、标志、包装、运输、
贮存等。

4.5.10 GB/T 13350《绝热用玻璃棉及其制品》

【标准编号及版本】GB/T 13350—2017

【标准名称】绝热用玻璃棉及其制品

【施行日期】2018—09—01

【发布单位】中华人民共和国国家质量监督检验检疫总局、中国国
家标准化管理委员会

【适用范围】本标准适用于绝热用玻璃棉散棉、玻璃棉板、玻璃棉
毡、玻璃棉毯、玻璃棉条和玻璃棉管壳。

【主要内容】本标准规定了绝热用玻璃棉及其制品的术语与定义、
分类与标记、要求、试验方法、检验规则、标志、包装、运输和贮存。

4.5.11 GB/T 22083《建筑密封胶分级和要求》

【标准编号及版本】GB/T 22083—2008

【标准名称】建筑密封胶分级和要求

【施行日期】2009—04—01

【发布单位】中华人民共和国国家质量监督检验检疫总局、中国国
家标准化管理委员会

【适用范围】本标准适用于钢结构采光顶和金属墙屋面工程的接
缝用中性硅酮结构密封胶。

【主要内容】本标准对建筑用密封胶根据其性能及应用进行分类
和分级,并给出了不同级别的要求和相应的试验方法。

4.5.12 JG/T 187《建筑门窗用密封胶条》

【标准编号及版本】JG/T 187—2006

【标准名称】建筑门窗用密封胶条

【施行日期】2006—06—01

【发布单位】中华人民共和国建设部

【适用范围】本标准适用于建筑门窗用弹性密封胶条,建筑幕墙开启部分用胶条可参照使用,不适用于发泡、复合密封胶条。

【主要内容】本标准规定了建筑门窗用密封胶条术语和定义、分类、代号和标记、要求、试验方法、检验规则及标志、包装、运输、贮存等。

4.5.13 YS/T 431《铝及铝合金彩色涂层板、带材》

【标准编号及版本】YS/T 431—2009

【标准名称】铝及铝合金彩色涂层板、带材

【施行日期】2010—06—01

【发布单位】中华人民共和国工业和信息化部

【适用范围】本标准适用于卷材辊涂涂层线生产的,供建筑、家用电器、交通运输等行业的彩色涂层铝板、铝带。本标准可应用于钢结构围护系统设计、制造、材料检验及工程验收等环节。

【主要内容】本标准规定了铝及铝合金彩色涂层板、带材的要求、试验方法、检验规则、标志、包装、运输、贮存及合同(或订货单)内容。

4.6 网架及球节点材料标准

4.6.1 JG/T 10《钢网架螺栓球节点》

【标准编号及版本】JG/T 10—2009

【标准名称】钢网架螺栓球节点

【施行日期】2010—03—01

【发布单位】中华人民共和国住房和城乡建设部

【适用范围】本标准适用于网架和双层网壳(曲面型网架)结构的螺栓球节点零、部件产品的质量控制。

【主要内容】本标准规定了钢网架螺栓节点的术语和定义、标记和规格、要求、试验方法、检验规则、验收、标志、包装、运输和贮存。

4.6.2 JG/T 11《钢网架焊接空心球节点》

【标准编号及版本】JG/T 11—2009

【标准名称】钢网架焊接空心球节点

【施行日期】2010—03—01

【发布单位】中华人民共和国住房和城乡建设部

【适用范围】本标准适用于网架、单层网壳和双层网壳(曲面型网架)结构等空间网格结构的焊接空心球节点网架零、部件产品的质量控制。

【主要内容】本标准规定了钢网架焊接空心球节点的术语和定义、标记和规格、要求、试验方法、检验规则、验收、标志、包装、运输和贮存。

4.7 其他材料标准

4.7.1 GB/T 20688.1《橡胶支座 第1部分：隔震橡胶支座试验方法》

【标准编号及版本】GB/T 20688.1—2007

【标准名称】橡胶支座 第1部分：隔震橡胶支座试验方法

【施行日期】2007—10—01

【发布单位】中华人民共和国国家质量监督检验检疫总局、中国国家标准化管理委员会

【适用范围】本标准适用于桥梁隔震橡胶支座和建筑隔震橡胶支座。

【主要内容】本标准规定了隔震橡胶支座性能和橡胶材料性能的试验方法。

4.7.2 GB 20688.2《橡胶支座 第2部分:桥梁隔震橡胶支座》

【标准编号及版本】GB 20688.2—2006

【标准名称】橡胶支座 第2部分:桥梁隔震橡胶支座

【施行日期】2007—10—01

【发布单位】中华人民共和国国家质量监督检验检疫总局、中国国家标准化管理委员会

【适用范围】本标准适用于桥梁结构所用的隔震橡胶支座。

【主要内容】本标准规定了桥梁隔震橡胶支座及所用橡胶材料和钢板等的要求,包括橡胶支座的分类、要求、设计准则、允许偏差、检验规则、标志和标签。

4.7.3 GB 20688.3《橡胶支座 第 3 部分:建筑隔震橡胶支座》

【标准编号及版本】GB 20688.3—2006

【标准名称】橡胶支座 第 3 部分:建筑隔震橡胶支座

【施行日期】2007—10—01

【发布单位】中华人民共和国国家质量监督检验检疫总局、中国国家标准化管理委员会

【适用范围】本标准适用于建筑结构所用的隔震橡胶支座。

【主要内容】本标准规定了建筑隔震橡胶支座及所用橡胶材料和钢板的要求。包括隔震橡胶支座的分类、要求、设计准则、允许偏差、检验规则、标志和标签。

4.7.4 GB 20688.4《橡胶支座 第 4 部分:普通橡胶支座》

【标准编号及版本】GB 20688.4—2006

【标准名称】橡胶支座 第 4 部分:普通橡胶支座

【施行日期】2007—10—01

【发布单位】中华人民共和国国家质量监督检验检疫总局、中国国家标准化管理委员会

【适用范围】本标准适用于钢结构所用的普通橡胶支座。

【主要内容】本标准规定了普通橡胶支座的定义、产品分类、标记、要求、试验方法、标志、包装、运输和贮存。

4.7.5 GB 20688.5《橡胶支座 第 5 部分:建筑隔震弹性滑板支座》

【标准编号及版本】GB 20688.5—2014

【标准名称】橡胶支座 第 5 部分:建筑隔震弹性滑板支座

【施行日期】2015—10—01

【发布单位】中华人民共和国国家质量监督检验检疫总局、中国国家标准化管理委员会

【适用范围】本标准适用于建筑结构用隔震弹性滑板支座。

【主要内容】本标准规定了建筑隔震弹性滑板支座的术语和定义、符号、分类、要求、试验方法、检验规则、标志和标签。

4.7.6 JG/T 118《建筑隔震橡胶支座》

【标准编号及版本】JG/T 118—2018

【标准名称】建筑隔震橡胶支座

【施行日期】2018—12—01

【发布单位】中华人民共和国住房和城乡建设部

【适用范围】本标准适用于工业与民用建筑所用的建筑隔震橡胶支座。

【主要内容】本标准规定了建筑隔震橡胶支座产品的符号、分类与标记、一般要求、要求、试验方法、检验规则、标志、包装、运输和贮存。

4.7.7 GB/T 20934《钢拉杆》

【标准编号及版本】GB/T 20934—2016

【标准名称】钢拉杆

【施行日期】2017—07—01

【发布单位】中华人民共和国国家质量监督检验检疫总局、中国国家标准化管理委员会

【适用范围】本标准适用于土木工程结构用钢拉杆。

【主要内容】本标准规定了钢拉杆的术语和定义、订货内容、级别与型式及表示方法、结构与型号、尺寸、外形及允许偏差、技术要求、试验方法、检验规则、包装、标志及质量证明书、运输和贮存。

4.7.8 GB/T 30826《斜拉桥钢绞线拉索技术条件》
【标准编号及版本】GB/T 30826—2014
【标准名称】斜拉桥钢绞线拉索技术条件
【施行日期】2015—04—01
【发布单位】中华人民共和国国家质量监督检验检疫总局、中国国家标准化管理委员会
【适用范围】本标准适用于采用单根 PE 防护钢绞线作为手拉构件的斜拉桥钢绞线拉锁的设计、试验与安装。
【主要内容】本标准规定了斜拉桥钢绞线拉索的术语和定义、符号和说明、拉索结构、技术要求、拉索产品验收检验、标志、包装、运输及贮存、拉索防腐与防护、拉索安装、拉索更换、拉索的检查等。

4.7.9 GB/T 32836《建筑钢结构球型支座》
【标准编号及版本】GB/T 32836—2016
【标准名称】建筑钢结构球型支座
【施行日期】2017—07—01
【发布单位】中华人民共和国国家质量监督检验检疫总局、中国国家标准化管理委员会
【适用范围】本标准适用于钢结构建筑用球型支座,其他土木建筑用球型支座也可参照本标准。
【主要内容】本标准规定了建筑钢结构球型支座的术语和定义、分级、分类与标记、一般要求、要求、试验方法、检验规则以及标志、包装、运输和贮存。

4.7.10 GB/T 33026《建筑结构用高强度钢绞线》

【标准编号及版本】GB/T 33026—2017

【标准名称】建筑结构用高强度钢绞线

【施行日期】2017—11—01

【发布单位】中华人民共和国国家质量监督检验检疫总局、中国国家标准化管理委员会

【适用范围】本标准适用于公称抗拉强度不低于 1 570 MPa 的建筑结构用钢绞线。

【主要内容】本标准规定了建筑结构用高强度钢绞线的术语和定义、分类和标记、订货内容、材料、技术要求、检验方法、检验规则及标志、包装、质量证明书、运输和贮存。

5 钢结构设计标准

5.1 综合设计标准

5.1.1 GB 50009《建筑结构荷载规范》
【标准编号及版本】GB 50009—2012
【标准名称】建筑结构荷载规范
【施行日期】2012—10—01
【发布单位】中华人民共和国住房和城乡建设部、中华人民共和国国家质量监督检验检疫总局
【适用范围】本标准适用于建筑工程的结构设计。本标准的适用范围限于工业与民用建筑的主结构及其围护结构的设计,其中也包括附属于该类建筑的一般构筑物在内,例如烟囱、水塔等。在设计其他土木工程结构或特殊的工业构筑物时,本标准中规定的风、雪荷载也可作为设计的依据。此外,对建筑结构的地基基础设计,其上部传来的荷载也应以本标准为依据。
【主要内容】本标准共分为 10 章和 9 个附录,其主要内容包括:总则;术语和符号;荷载分类和荷载组合;永久荷载;楼面和屋面活荷载;吊车荷载;雪荷载;风荷载;温度作用;偶然荷载定。本标准共有 13 条强制性条文。

5.1.2 GB 50011《建筑抗震设计规范》
【标准编号及版本】GB 50011—2010(2016 版本)
【标准名称】建筑抗震设计规范
【施行日期】2016—08—01

【发布单位】中华人民共和国住房和城乡建设部、中华人民共和国国家质量监督检验检疫总局

【适用范围】本标准适用于抗震设防烈度为6、7、8和9度地区建筑工程的抗震设计以及隔震、效能减震设计。建筑的抗震性能化设计,可采用本标准规定的基本方法。抗震设防烈度大于9度地区的建筑及行业有特殊要求的工业建筑,其抗震设计应按有关专门规定执行。

【主要内容】本标准共分为14章和12个附录,其主要内容包括:总则;术语和符号;基本规定;场地、地基和基础;地震作用和结构抗震验算;多层和高层钢筋混凝土房屋;多层砌体房屋和底部框架砌体房屋;多层和高层钢结构房屋;单层工业厂房;空旷房屋和大跨屋盖建筑;土、木、石结构房屋;隔震和消能减震设计;非结构构件;地下建筑。本标准共有56条强制性条文。

5.1.3 GB 50016《建筑设计防火规范》

【标准编号及版本】GB 50016—2014(2018 版)

【标准名称】建筑设计防火规范

【施行日期】2018—10—01

【发布单位】中华人民共和国住房和城乡建设部、中华人民共和国国家质量监督检验检疫总局

【适用范围】本标准适用于下列新建、扩建和改建的建筑:厂房;仓库;民用建筑;甲、乙、丙类液体储罐(区);可燃、助燃气体储罐(区);可燃材料堆场;城市交通隧道。人民防空工程、石油和天然气工程、石油化工工程和火力发电厂与变电站等的建筑防火设计,当有专门的国家标准时,宜从其规定。

【主要内容】本标准共分为12章和3个附录,其主要内容包括:总则;术语和符号;厂房和仓库;甲、乙、丙类液体、气体储罐(区)和可燃材料堆场;民用建筑;建筑构造;灭火救援设施;消防设施的设置;供暖、通风和空气调节;电气;木结构建筑;城市交通轨道。

本标准共有 208 条强制性条文。

5.1.4　GB 50017《钢结构设计标准》

【标准编号及版本】GB 50017—2017

【标准名称】钢结构设计标准

【施行日期】2018—07—01

【发布单位】中华人民共和国住房和城乡建设部、中华人民共和国国家质量监督检验检疫总局

【适用范围】本标准适用于工业与民用建筑和一般构筑物的钢结构设计。

【主要内容】本标准共分为 18 章和 10 个附录,其主要内容包括:总则;术语和符号;基本设计规定;材料;结构分析与稳定性设计;受弯构件;轴心受力构件;拉弯、压弯构件;加劲钢板剪力墙;塑性及弯矩调幅设计;连接;节点;钢管连接节点;钢与混凝土组合梁;钢管混凝土柱及节点;疲劳计算及防脆断设计;钢结构抗震性能化设计;钢结构防护。本标准共有 7 条强制性条文。

5.1.5　GB 50018《冷弯薄壁型钢结构技术规范》

【标准编号及版本】GB 50018—2002

【标准名称】冷弯薄壁型钢结构技术规范

【施行日期】2003—01—01

【发布单位】中华人民共和国建设部、中华人民共和国国家质量监督检验检疫总局

【适用范围】本标准适用于建筑工程的冷弯薄壁型钢结构的设计与施工。

【主要内容】本标准共分 11 章和 4 个附录,其主要内容包括:总则;术语、符号;材料;基本设计规定;构件的计算;连接的计算与构造;压型钢板;檩条与墙架;屋架;刚架;制作、安装和防腐蚀等内容。本标准共有 10 条强制性条文。

5.1.6　GB 50068《建筑结构可靠性设计统一标准》

【标准编号及版本】GB 50068—2018

【标准名称】建筑结构可靠性设计统一标准

【施行日期】2019—04—01

【发布单位】中华人民共和国住房和城乡建设部、国家市场监督管理总局

【适用范围】本标准适用于整个结构、组成结构的构件以及地基基础的设计;适用于结构施工阶段和使用阶段的设计;适用于既有结构的可靠性评定。

【主要内容】本标准共分为 8 章和 6 个附录,其主要内容包括:总则;术语和符号;基本规定;极限状态设计原则;结构上的作用和环境影响;材料和岩土的性能及几何参数;结构分析和试验辅助设计;分项系数设计方式。本标准共有 2 条强制性条文。

5.1.7　GB 50135《高耸结构设计标准》

【标准编号及版本】GB 50135—2019

【标准名称】高耸结构设计标准

【施行日期】2019—12—01

【发布单位】中华人民共和国住房和城乡建设部、国家市场监督管理总局

【适用范围】本标准适用于钢及钢筋混凝土高耸结构,包括广播电视台、通信塔、导航塔、输电高塔、石油化工塔、大气监测塔、烟囱、排气塔、水塔、矿井架、风力发电塔等构筑物的设计。

【主要内容】本标准共分为 7 章和 4 个附录,其主要内容包括:总则;术语和符号;基本规定;荷载与作用;钢塔架和桅杆结构;混凝土圆筒形塔;地基与基础。本标准共有 12 条强制性条文。

5.1.8　GB 50223《建筑工程抗震设防分类标准》

【标准编号及版本】GB 50223—2008

【标准名称】建筑工程抗震设防分类标准
【施行日期】2008—07—30
【发布单位】中华人民共和国住房和城乡建设部、国家市场监督管理总局
【适用范围】本标准适用于抗震设防区建筑工程的抗震设防分类。
【主要内容】本标准共分为 8 章,其主要内容包括:总则;术语;基本规定;防灾救灾建筑;基础设施建筑;公共建筑和居住建筑;工业建筑;仓库类建筑。本标准共有 3 条强制性条文。

5.1.9 GB 50345《屋面工程技术规范》

【标准编号及版本】GB 50345—2012
【标准名称】屋面工程技术规范
【施行日期】2012—10—01
【发布单位】中华人民共和国住房和城乡建设部、中华人民共和国国家质量监督检验检疫总局
【适用范围】本标准适用于房屋建筑屋面工程的设计与施工。
【主要内容】本标准共分为 5 章和 2 个附录,其主要内容包括:总则;术语;基本规定;屋面工程设计;屋面工程施工。本标准共有 8 条强制性条文。

5.1.10 GB 50429《铝合金结构设计规范》

【标准编号及版本】GB 50429—2007
【标准名称】铝合金结构设计规范
【施行日期】2008—03—01
【发布单位】中华人民共和国建设部、中华人民共和国国家质量监督检验检疫总局
【适用范围】本标准适用于工业与民用建筑和结构物的铝合金结构设计,不适用于直接受疲劳动力荷载的承重结构和构件设计。
【主要内容】本标准共分为 11 章和 3 个附录,其主要内容包括:总

则;术语和符号;材料;基本设计规定;板件的有效截面;受弯构件的计算;轴心受力构件的计算;拉弯构件和压弯构件的计算;连接计算;构造要求;铝合金面板。

5.1.11 GB 50917《钢-混凝土组合桥梁设计规范》

【标准编号及版本】GB 50917—2013

【标准名称】钢-混凝土组合桥梁设计规范

【施行日期】2014—05—01

【发布单位】中华人民共和国住房和城乡建设部、中华人民共和国国家质量监督检验检疫总局

【适用范围】本标准适用于道路工程中单跨跨径不大于120 m的梁式钢-混凝土组合桥梁的设计,不适用于采用特种混凝土的组合桥梁设计。

【主要内容】本标准共分为8章和4个附录,其主要内容包括:总则;术语和符号;材料;基本规定;承载能力极限状态计算;正常使用极限状态验算;抗剪连接件;构造要求。本标准有1条强制性条文。

5.1.12 GB 50923《钢管混凝土拱桥技术规范》

【标准编号及版本】GB 50923—2013

【标准名称】钢管混凝土拱桥技术规范

【施行日期】2014—06—01

【发布单位】中华人民共和国住房和城乡建设部、中华人民共和国国家质量监督检验检疫总局

【适用范围】本标准适用于城市桥梁与公路桥梁中钢管混凝土拱桥的设计、施工与养护。

【主要内容】本标准共分为14章,其主要内容包括:总则;术语和符号;材料;基本规定;持久状况承载能力极限状态计算;持久状况正常使用极限状态计算;结构与构造;钢管拱肋制造;焊接施

工;防腐涂装施工;钢管拱肋架设;管内混凝土的浇注;其他构造施工;养护。本标准共有2条强制性条文。

5.1.13 GB 50936《钢管混凝土结构技术规范》

【标准编号及版本】GB 50936—2014

【标准名称】钢管混凝土结构技术规范

【施行日期】2014—12—01

【发布单位】中华人民共和国住房和城乡建设部、中华人民共和国国家质量监督检验检疫总局

【适用范围】本标准适用于采用钢管混凝土结构的工业与民用房屋建筑和一般构筑物的设计、构件制作及施工。

【主要内容】本标准共分为9章和5个附录,其主要内容包括:总则;术语和符号;材料;基本规定;圆形及多边形钢管混凝土构件承载力设计;实心圆形钢管混凝土构件承载力设计;连接和节点设计;防火设计;制作与施工。本标准共有2条强制性条文。

5.1.14 GB 51022《门式刚架轻型房屋钢结构技术规范》

【标准编号及版本】GB 51022—2015

【标准名称】门式刚架轻型房屋钢结构技术规范

【施行日期】2016—08—01

【发布单位】中华人民共和国住房和城乡建设部、中华人民共和国国家质量监督检验检疫总局

【适用范围】本标准适用于房屋高度不大于18 m,房屋高宽比小于1,承重结构为单跨或多跨实腹门式刚架、具有轻型屋盖、无桥式吊车或有起重量不大于20 t的A1~A5工作级别桥式吊车或3 t悬挂式起重机的单层钢结构房屋。

【主要内容】本标准共分为14个章和1个附录,其主要内容包括:总则;术语和符号;基本设计规定;荷载和荷载组合的效应;结构形式和布置;结构计算分析;构件设计;支撑系统设计;檩条与墙

梁设计;连接和节点设计;围护系统设计;钢结构防护;制作;运输、安装与验收。本标准有1条强制性条文。

5.1.15 GB 51249《建筑钢结构防火技术规范》

【标准编号及版本】GB 51249—2017

【标准名称】建筑钢结构防火技术规范

【施行日期】2018—04—01

【发布单位】中华人民共和国住房和城乡建设部、中华人民共和国国家质量监督检验检疫总局

【适用范围】本标准适用于工业与民用建筑中的钢结构以及钢管混凝土柱、压型钢板-混凝土组合楼板、钢与混凝土组合梁等组合结构的防火设计及其防火保护的施工与验收,不适用于内置型钢混凝土组合结构。

【主要内容】本标准共分为9章和7个附录,其主要内容包括:总则;术语和符号;基本规定;防火保护措施与构造;材料特性;钢结构的温度计算;钢结构耐火验算与防火保护设计;组合结构耐火验算与防火保护设计;防火保护工程的施工与验收。本标准共有4条强制性条文。

5.1.16 GB/T 51232《装配式钢结构建筑技术标准》

【标准编号及版本】GB/T 51232—2016

【标准名称】装配式钢结构建筑技术标准

【施行日期】2017—06—01

【发布单位】中华人民共和国住房和城乡建设部、中华人民共和国国家质量监督检验检疫总局

【适用范围】本标准适用于抗震设防烈度为6度到9度的装配式钢结构建筑的设计、生产运输、施工安装、质量验收与使用维护。

【主要内容】本标准共分为9章,其主要内容包括:总则;术语号;基本规定;建筑设计;集成设计;生产运输;施工安装;质量验收;

使用维护。本标准共有 2 条强制性条文。

5.1.17　JGJ 7《空间网格结构技术规程》

【标准编号及版本】JGJ 7—2010

【标准名称】空间网格结构技术规程

【施行日期】2011—03—01

【发布单位】中华人民共和国住房和城乡建设部

【适用范围】本标准适用于主要以钢杆件组成的空间网格结构,包括网架、单层或双层网壳及立体桁架等结构的设计与施工。

【主要内容】本标准共分为 6 章和 10 个附录,其主要内容包括:总则;术语和符号;基本规定;结构计算;杆件和节点的设计与构造;制作、安装与交验。本标准共有 5 条强制性条文。

5.1.18　JGJ 82《钢结构高强度螺栓连接技术规程》

【标准编号及版本】JGJ 82—2011

【标准名称】钢结构高强度螺栓连接技术规程

【施行日期】2011—10—01

【发布单位】中华人民共和国住房和城乡建设部

【适用范围】本标准适用于建筑钢结构工程中高强度螺栓连接的设计、施工与质量验收。

【主要内容】本标准共分为 7 章,其主要内容包括:总则;术语;基本规定;连接设计;连接接头设计;施工;施工质量验收。本标准共有 6 条强制性条文。

5.1.19　JGJ 99《高层民用建筑钢结构技术规程》

【标准编号及版本】JGJ 99—2015

【标准名称】高层民用建筑钢结构技术规程

【施行日期】2016—05—01

【发布单位】中华人民共和国住房和城乡建设部

【适用范围】本标准适用于 10 层及 10 层以上或房屋高度大于 28 m 的住宅建筑以及房屋高度大于 24 m 的其他高层民用建筑钢结构的设计、制作与安装。非抗震设计和抗震设防烈度为 6 度至 9 度抗震设计的高层民用建筑钢结构,其适用的房屋最大高度和结构类型应符合本标准的有关规定。本标准不适用于建造在危险地段以及发震断裂最小避让距离内的高层民用建筑钢结构。

【主要内容】本标准共分为 11 章和 6 个附录,其主要内容包括:总则;术语和符号;结构设计基本规定;材料;荷载与作用;结构计算分析;钢结构设计;连接设计;制作和涂装;安装;抗火设计。本标准共有 14 条强制性条文。

5.1.20　JGJ 209《轻型钢结构住宅技术规程》

【标准编号及版本】JGJ 209—2010

【标准名称】轻型钢结构住宅技术规程

【施行日期】2010—10—01

【发布单位】中华人民共和国住房和城乡建设部

【适用范围】本标准适用于以轻型钢框架为结构体系,并配套有满足功能要求的轻质墙体、轻质楼板和轻质屋面建筑系统,层数不超过 6 层的非抗震设防以及抗震设防烈度为 6～8 度的轻型钢结构住宅的设计、施工及验收。

【主要内容】本标准共分为 8 章和 1 个附录,其主要内容包括:总则;术语和符号;材料;建筑设计;结构设计;钢结构施工;轻质楼板和轻质墙体与屋面施工;验收与使用。本标准共有 5 条强制性条文。

5.1.21　JGJ 227《低层冷弯薄壁型钢房屋建筑技术规程》

【标准编号及版本】JGJ 227—2011

【标准名称】低层冷弯薄壁型钢房屋建筑技术规程

【施行日期】2011—12—01

【发布单位】中华人民共和国住房和城乡建设部

【适用范围】本标准适用于以冷弯薄壁型钢为主要承重构件,层数不大于3层,檐口高度不大于12 m的低层房屋建筑的设计、施工及验收。

【主要内容】本标准共分为13章和3个附录,其主要内容包括:总则;术语和符号;材料与设计指标;基本设计规定;结构分析;构件和连接计算;楼盖系统;墙体结构;屋盖系统;制作、防腐、安装及验收;保温、隔热与防潮;防火;试验。本标准共有3条强制性条文。

5.1.22　JGJ 257《索结构技术规程》

【标准编号及版本】JGJ 257—2012

【标准名称】索结构技术规程

【施行日期】2012—08—01

【发布单位】中华人民共和国住房和城乡建设部

【适用范围】本标准适用于以索为主要受力构件的各类建筑索结构,包括悬索结构、斜拉结构、张弦结构及索穹顶等的设计、制作、安装及验收。

【主要内容】本标准共分为7章和5个附录,其主要内容包括:总则;术语和符合;基本规定;索体与锚具;设计与分析;节点设计与构造;制作、安装及验收。本标准共有2条强制性条文。

5.1.23　JGJ 383《轻钢轻混凝土结构技术规程》

【标准编号及版本】JGJ 383—2016

【标准名称】轻钢轻混凝土结构技术规程

【施行日期】2016—08—01

【发布单位】中华人民共和国住房和城乡建设部

【适用范围】本标准适用于抗震设防烈度为8度(0.2g)及8度以下地区,层数不大于6层、房屋高度不大于20 m的标准设防类轻钢轻混凝土结构的设计、施工及验收。

【主要内容】本标准共分为7章和4个附录,其主要内容包括:总则;术语和符号;材料;结构设计;构造措施;施工;验收。本标准有1条强制性条文。

5.1.24 JGJ/T 249《拱形钢结构技术规程》

【标准编号及版本】JGJ/T 249—2011

【标准名称】拱形钢结构技术规程

【施行日期】2012—05—01

【发布单位】中华人民共和国住房和城乡建设部

【适用范围】本标准适用于工业与民用建筑和构筑物中拱形钢结构的设计、制作、安装及验收。

【主要内容】本标准共分为8章和11个附录,其主要内容包括:总则;术语和符号;材料;结构与节点选型;荷载效应分析;设计;制作与安装;工程验收。

5.1.25 JGJ/T 251《建筑钢结构防腐蚀技术规程》

【标准编号及版本】JGJ/T 251—2011

【标准名称】建筑钢结构防腐蚀技术规程

【施行日期】2012—03—01

【发布单位】中华人民共和国住房和城乡建设部

【适用范围】本标准适用于大气环境中的新建建筑钢结构的防腐蚀设计、施工、验收和维护。

【主要内容】本标准共分为7章和5个附录,其主要内容包括:总则;术语和符号;设计;施工、验收、安全卫生和环境保护;维护管理。

5.1.26 JGJ/T 395《铸钢结构技术规程》

【标准编号及版本】JGJ/T 395—2017

【标准名称】铸钢结构技术规程

【施行日期】2017—09—01

【发布单位】中华人民共和国住房和城乡建设部

【适用范围】本标准适用于建筑工程中铸钢结构和铸钢件的设计、加工、安装、防护、检测、监测及验收,不适用于直接承受反复动力荷载作用并需要疲劳计算的结构。

【主要内容】本标准共分为 11 章和 3 个附录,其主要内容包括:总则;术语和符号;基本规定;材料和设计指标;设计和计算;构造规定;铸钢件加工;结构安装;防护和保养;检测和监测;工程验收。

5.1.27　JGJ/T 466《轻型模块化钢结构组合房屋技术标准》

【标准编号及版本】JGJ/T 466—2019

【标准名称】轻型模块化钢结构组合房屋技术标准

【施行日期】2019—12—01

【发布单位】中华人民共和国建设部

【适用范围】本标准适用于抗震设防烈度 8 度及以下,房屋高度不超过 24 m 的轻型模块化钢结构民用建筑的设计、制作、运输、安装、验收及运营维护等。

【主要内容】本标准共分为 8 章和 1 个附录,其主要内容包括:总则;术语;建筑设计;模块单元;结构体系与结构计算;建筑设备与建筑防护;制作、运输和安装;验收和运营维护。

5.1.28　JGJ/T 469《装配式钢结构住宅建筑技术标准》

【标准编号及版本】JGJ/T 469—2019

【标准名称】装配式钢结构住宅建筑技术标准

【施行日期】2019—10—01

【发布单位】中华人民共和国住房和城乡建设部

【适用范围】本标准适用于抗震设防烈度为 6 度~9 度、房屋高度不超过 100 m、主体结构采用钢结构的装配式多、高层住宅建筑的设计、生产、施工安装、质量验收、使用、维护与管理。

【主要内容】本标准共分为 10 章,其主要内容包括:总则;术语;基本规定;集成设计;结构系统设计;外围护系统设计;设备与管线系统设计;内装系统设计;部品部(构)件生产、施工安装与质量验收;使用、维护与管理。

5.1.29　CJJ 11《城市桥梁设计规范》

【标准编号及版本】CJJ 11—2011

【标准名称】城市桥梁设计规范

【施行日期】2012—04—01

【发布单位】中华人民共和国住房和城乡建设部

【适用范围】本标准适用于城市道路上新建永久性桥梁和地下通道的设计,也适用于镇(乡)村道路上新建永久性桥梁和地下通道的设计。

【主要内容】本标准共分为 10 章和 1 个附录,其主要内容包括:总则;术语和符号;基本规定;桥位选择;桥面净空;桥梁的平面、纵断面和横断面设计;桥梁引道、引桥;立交、高架道路桥梁和地下通道;桥梁细部构造及附属设施;桥梁上的作用。本标准共有 7 条强制性条文。

5.1.30　CJJ 69《城市人行天桥与人行地道技术规范》

【标准编号及版本】CJJ 69—95

【标准名称】城市人行天桥与人行地道技术规范

【施行日期】1996—09—01

【发布单位】中华人民共和国建设部

【适用范围】本标准适用于城市中跨越或下穿道路的天桥或地道的设计与施工,郊区公路、厂矿及居住区的天桥与地道可参照使用。

【主要内容】本标准共分为 5 章,其主要内容包括:总则;一般规定;天桥设计;地道设计;施工。

5.1.31 CJJ 166《城市桥梁抗震设计规范》

【标准编号及版本】CJJ 166—2011

【标准名称】城市桥梁抗震设计规范

【施行日期】2012—03—01

【发布单位】中华人民共和国住房和城乡建设部

【适用范围】本标准适用于地震基本烈度 6、7、8 和 9 度地区的城市梁式桥和跨度不超过 150 m 的拱桥。斜拉桥、悬索桥和大跨度拱桥可按本标准给出的抗震设计原则进行设计。

【主要内容】本标准共分为 11 章和 2 个附录,其主要内容包括:总则;术语和符号;基本要求;场地、地基与基础;地震作用;抗震分析;抗震验算;抗震构造细节设计;桥梁减隔震设计;斜拉桥、悬索桥和大跨度拱桥;抗震措施。本标准共有 7 条强制性条文。

5.1.32 JTG B01《公路工程技术标准》

【标准编号及版本】JTG B01—2014

【标准名称】公路工程技术标准

【施行日期】2015—01—01

【发布单位】中华人民共和国交通运输部

【适用范围】本标准适用于新建和改扩建公路。

【主要内容】本标准共分为 10 章和 2 个附录,其主要内容包括:总则;术语;基本规定;路线;路基路面;桥涵;汽车及人群荷载;隧道;路线交叉;交通工程及沿线设施。

5.1.33 JTG D60《公路桥涵设计通用规范》

【标准编号及版本】JTG D60—2015

【标准名称】公路桥涵设计通用规范

【施行日期】2015—12—01

【发布单位】中华人民共和国交通运输部

【适用范围】本标准适用于新建和改建各等级公路桥涵的设计。

【主要内容】本标准共分为 4 章和 1 个附录,其主要内容包括:总则;术语和符号;设计要求;作用。

5.1.34　JTG D64《公路钢结构桥梁设计规范》

【标准编号及版本】JTG D64—2015

【标准名称】公路钢结构桥梁设计规范

【施行日期】2015—12—01

【发布单位】中华人民共和国交通运输部

【适用范围】本标准适用于各等级公路钢结构桥梁和桥梁钢结构设计。

【主要内容】本标准共分为 16 章和 6 个附录,其主要内容包括:总则;术语和符号;材料及设计指标;结构分析;构件设计;连接的构造和计算;钢板梁;钢箱梁;钢桁梁;钢管结构;钢-混凝土组合梁;钢塔;缆索系统;钢桥面铺装;防护及维护设计;支座与伸缩装置。

5.1.35　JTG/T B02—01《公路桥梁抗震设计细则》

【标准编号及版本】JTG/T B02—01—2008

【标准名称】公路桥梁抗震设计细则

【施行日期】2008—10—01

【发布单位】中华人民共和国交通运输部

【适用范围】本标准主要适用于单跨跨径不超过 150 m 的混凝土梁桥、圬工或混凝土拱桥。斜拉桥、悬索桥、单跨跨径超过 150 m 的特大跨径梁桥和拱桥,可参照本标准给出的抗震设计原则进行设计。

【主要内容】本标准共分为 11 章和 4 个附录,其主要内容包括:总则;术语和符号;基本要求;场地和地基;地震作用;抗震分析;强度与变形验算;延性构造细节设计;特殊桥梁抗震设计;桥梁减隔震设计;抗震措施。

5.1.36 TB 10002《铁路桥涵设计规范》

【标准编号及版本】TB 10002—2017

【标准名称】铁路桥涵设计规范

【施行日期】2017—05—01

【发布单位】国家铁路局

【适用范围】本标准适用于新建和改建标准轨距的高速铁路、城际铁路、客货共线Ⅰ级和Ⅱ级铁路、重载铁路桥涵的设计。

【主要内容】本标准共分为 5 章和 5 个附录,其主要内容包括:总则;术语和符号;桥涵布置;设计荷载;桥涵设计。

5.1.37 TB 10091《铁路桥梁钢结构设计规范》

【标准编号及版本】TB 10091—2017

【标准名称】铁路桥梁钢结构设计规范

【施行日期】2017—05—01

【发布单位】国家铁路局

【适用范围】本标准适用于高速铁路、城际铁路、客货共线Ⅰ级和Ⅱ级铁路、重载铁路铆接、栓焊及全焊桥梁钢结构的设计。公、铁两用桥中单独承受公路荷载的钢结构应按现行的公路行业相关标准进行设计。

【主要内容】本标准共分为 10 章和 5 个附录,其主要内容包括:总则;术语和符号;材料及基本容许应力;结构内力计算;杆件的计算长度;长细比和构件截面;构件连接;桥面系及联结系;钢板梁;钢桁梁;支座。

5.1.38 CECS 28《钢管混凝土结构技术规程》

【标准编号及版本】CECS 28:2012

【标准名称】钢管混凝土结构技术规程

【施行日期】2012—10—01

【发布单位】中国工程建设标准化协会

【适用范围】本标准适用于采用圆形钢管混凝土构件的工业与民用建筑及构筑物的结构设计及施工,也可适用于采用圆形钢管混凝土构件的桥梁、塔架的设计与施工。

【主要内容】本标准共分为8章和1个附录,其主要内容包括:总则;术语和符号;材料;基本设计规定;承载力计算;连接设计;防火;施工与质量要求。

5.1.39　CECS 77《钢结构加固技术规范》

【标准编号及版本】CECS 77:96

【标准名称】钢结构加固技术规范

【施行日期】1996—05—30

【发布单位】中国工程建设标准化协会

【适用范围】本标准适用于工业与民用建筑和一般构筑物的钢结构因设计、施工、使用管理不当,材料质量不符合要求,使用功能改变,遭受灾害损坏以及耐久性不足等原因而需要对钢结构进行加固的设计、施工和验收。对有特殊要求和特殊情况下的钢结构加固,尚应符合相应的专门技术标准的规定。

【主要内容】本标准共分为8章和2个附录,其主要内容包括:总则;术语、符号与代号;加固基本原则及一般方法;改变结构计算图形的加固;加大构件截面的加固;连接的加固与加固件的连接;裂纹的修复与加固;施工安全与工程验收。

5.1.40　CECS 159《矩形钢管混凝土结构技术规程》

【标准编号及版本】CECS 159:2004

【标准名称】矩形钢管混凝土结构技术规程

【施行日期】2004—08—01

【发布单位】中国工程建设标准化协会

【适用范围】本标准适用于工业与民用房屋和一般构筑物的矩形钢管混凝土结构的设计及施工。

【主要内容】本标准共分为 11 章和 1 个附录,其主要内容包括:总则;术语和符号;材料;基本设计规定;结构体系和结构分析;承重构件设计;节点设计;抗侧力构件设计;桁架设计;耐火设计;施工。

5.1.41 CECS 167《拱形波纹钢屋盖结构技术规程》

【标准编号及版本】CECS 167:2004

【标准名称】拱形波纹钢屋盖结构技术规程

【施行日期】2005—02—01

【发布单位】中国工程建设标准化协会

【适用范围】本标准适用于跨度不大于 30 m、不直接承受动力作用的封闭式建筑拱形波纹钢屋盖结构的设计、制作、安装、验收及维护,不适用于有强烈腐蚀、相对湿度长期较高和高温等环境中的建筑。

【主要内容】本标准共分为 7 章和 4 个附录,其主要内容包括:总则;术语、符号;材料;基本设计规定;结构计算;制作及安装;工程验收及维护。

5.1.42 CECS 188《钢管混凝土叠合柱结构技术规程》

【标准编号及版本】CECS 188:2005

【标准名称】钢管混凝土叠合柱结构技术规程

【施行日期】2005—11—01

【发布单位】中国工程建设标准化协会

【适用范围】本标准适用于采用钢管混凝土叠合柱结构的非抗震和抗震设防烈度为 6～9 度的民用建筑结构的设计及施工。钢管混凝土叠合柱的钢管混凝土部分和钢管外钢筋混凝土部分可不同期施工,也可同期施工。

【主要内容】本标准共分为9章和1个附录,其主要内容包括:总则;术语和符号;材料;荷载和地震作用;结构设计基本规定;叠合柱框架设计;钢管混凝土剪力墙设计;构件连接;结构施工及验收。

5.1.43　CECS 200《建筑钢结构防火技术规范》

【标准编号及版本】CECS 200:2006

【标准名称】建筑钢结构防火技术规范

【施行日期】2006—08—01

【发布单位】中国工程建设标准化协会

【适用范围】本标准适用于新建、扩建和改建的建筑钢结构和组合结构的抗火设计和防火保护。

【主要内容】本标准共分为10章和9个附录,其主要内容包括:总则;术语和符号;钢结构防火要求;材料特性;抗火设计基本规定;温度作用及其效应组合;钢结构抗火验算;组合结构抗火验算;防火保护措施;防火保护工程施工质量控制及验收。

5.1.44　CECS 212《预应力钢结构技术规程》

【标准编号及版本】CECS 212:2006

【标准名称】预应力钢结构技术规程

【施行日期】2006—12—01

【发布单位】中国工程建设标准化协会

【适用范围】本标准适用于工业与民用建筑和构筑物中预应力平面和空间钢结构等承重体系的设计、施工及维护。对于预应力玻璃幕墙和索膜结构以及其他预应力钢结构(桥梁结构、塔桅结构、冷弯薄壁型钢结构等)等,本标准应与有关专业标准配套使用。

【主要内容】本标准共分为8章和2个附录,其主要内容包括:总则;术语、符号;设计基本规定;材料和锚具;结构体系和分析;节点和连接构造;施工及验收;防护和监测。

5.1.45 CECS 230《高层建筑钢-混凝土混合结构设计规程》

【标准编号及版本】CECS 230:2008

【标准名称】高层建筑钢-混凝土混合结构设计规程

【施行日期】2008—11—01

【发布单位】中国工程建设标准化协会

【适用范围】本标准适用于 10 层及 10 层以上或房屋高度超过 28 m 的高层建筑钢-混凝土混合结构的设计。

【主要内容】本标准共分为 9 章和 1 个附录,其主要内容包括:总则;术语和符号;材料;结构设计基本规定;结构计算分析;构件设计;连接设计;柱脚设计;混合结构的施工、防火和防腐蚀。

5.1.46 CECS 236《钢结构单管通信塔技术规程》

【标准编号及版本】CECS 236:2008

【标准名称】钢结构单管通信塔技术规程

【施行日期】2008—07—01

【发布单位】中国工程建设标准化协会

【适用范围】本标准适用于无微波天线或带有小型微波天线的钢结构单管通信塔的设计及工程质量验收。对于高度超过 60 m 的钢结构单管通信塔,其施工质量验收标准应在工程实施之前根据工程特点作专门论证后确定。

【主要内容】本标准共分为 9 章和 6 个附录,其主要内容包括:总则;术语和符号;基本规定;荷载与作用;塔筒设计;地基和基础设计;制作;安装;工程验收。

5.1.47 CECS 254《实心与空心钢管混凝土结构技术规程》

【标准编号及版本】CECS 254:2012

【标准名称】实心与空心钢管混凝土结构技术规程

【施行日期】2012—10—01

【发布单位】中国工程建设标准化协会

【适用范围】本标准适用于采用钢管混凝土结构的工业与民用房屋结构、送电变电构架、风力发电机组塔架、微波塔及基础桩等的设计、加工制作及施工。

【主要内容】本标准共分为 8 章和 3 个附录,其主要内容包括:总则;术语和符号;材料;基本设计规定;钢管混凝土承重构件设计和刚度计算;构造要求和节点设计;钢管混凝土构件的加工制作与施工;防火设计。

5.1.48　CECS 260《端板式半刚性连接钢结构技术规程》

【标准编号及版本】CECS 260:2009

【标准名称】端板式半刚性连接钢结构技术规程

【施行日期】2009—11—01

【发布单位】中国工程建设标准化协会

【适用范围】本标准适用于采用端板式半刚性连接钢结构层数不超过 12 层且高度不超过 40 m 的建筑。

【主要内容】本标准共分为 9 章和 1 个附录,其主要内容包括:总则;术语和符号;结构设计的基本规定;作用与验算要求;竖向荷载作用下半刚性连接钢框架结构设计;竖向、水平荷载共同作用下半刚性连接钢框架结构设计;梁柱连接节点设计与构造;构件设计与构造;制作和安装。

5.1.49　CECS 273《组合楼板设计与施工规范》

【标准编号及版本】CECS 372:2010

【标准名称】组合楼板设计与施工规范

【施行日期】2010—08—01

【发布单位】中国工程建设标准化协会

【适用范围】本标准适用于建筑工程中的压型钢板组合楼板及钢筋桁架组合楼板设计与施工,施工阶段的相关规定也适用于作为永久模板使用的压型钢板;不适用于直接承受动力荷载作用的压型钢板组合楼板。

【主要内容】本标准共分为 10 章和 1 个附录,其主要内容包括:总则;术语和符号;材料;基本设计规定;压型钢板组合楼板设计;钢筋桁架组合楼板设计;组合楼板耐火设计;压型钢板组合楼板构造要求;钢筋桁架组合楼板构造要求;施工。

5.1.50 CECS 280《钢管结构技术规程》

【标准编号及版本】CECS 280:2010

【标准名称】钢管结构技术规程

【施行日期】2010—12—01

【发布单位】中国工程建设标准化协会

【适用范围】本标准适用于工业与民用建筑和一般构筑物的钢管结构设计与施工。

【主要内容】本标准共分为 9 章和 1 个附录,其主要内容包括:总则;术语和符号;材料;基本设计规定;结构及构件设计;节点强度计算;节点构造;疲劳计算;施工。

5.1.51 CECS 290《波浪腹板钢结构应用技术规程》

【标准编号及版本】CECS 290:2011

【标准名称】波浪腹板钢结构应用技术规程

【施行日期】2011—09—01

【发布单位】中国工程建设标准化协会

【适用范围】本标准适用于使用波浪板作为构件腹板的门式刚架轻型房屋钢结构以及梁系构件的设计、施工及验收。波浪腹板钢结构的设计、施工及验收除应符合本标准外,尚应符合国家现行有关标准的规定。

【主要内容】本标准共分为 7 章和 1 个附录,其主要内容包括:总则;术语和符号;材料与构件;构造;设计;施工;验收。

5.1.52 CECS 291《波纹腹板钢结构技术规程》

【标准编号及版本】CECS 291:2011

【标准名称】波纹腹板钢结构技术规程

【施行日期】2011—09—01

【发布单位】中国工程建设标准化协会

【适用范围】本标准适用于一般工业与民用建筑所采用的以受弯为主的波纹腹板钢构件或波纹腹板钢混凝土组合构件。

【主要内容】本标准共分为 8 章和 3 个附录,其主要内容包括:总则;术语和符号;材料;基本设计规定;波纹腹板钢构件;波纹腹板H 型钢组合梁;连接节点;制作和防腐蚀。

5.1.53 CECS 323《交错桁架钢框架结构技术规程》

【标准编号及版本】CECS 323:2012

【标准名称】交错桁架钢框架结构技术规程

【施行日期】2012—12—01

【发布单位】中国工程建设标准化协会

【适用范围】本标准适用于非抗震设防和抗震设防烈度为 6 度至8 度抗震设计的民用建筑多、高层交错桁架钢框架结构,其适用的房屋最大高度应符合本标准的有关规定。本标准不适用于建造在危险地段以及发震断裂最小避让距离内的交错桁架钢框架结构。危险地段的划分和发震断裂的最小避让距离应符合现行国家标准《建筑抗震设计规范》GB 50011 的有关规定。

【主要内容】本标准共分为 12 章,其主要内容包括:总则;术语和符号;材料;设计规定;结构分析;桁架的设计;框架柱的设计;楼盖的设计;围护结构;制作与安装;结构的防护;验收。

5.1.54 CECS 410《不锈钢结构技术规程》

【标准编号及版本】CECS 410:2015

【标准名称】不锈钢结构技术规程

【施行日期】2015—12—01

【发布单位】中国工程建设标准化协会

【适用范围】本标准适用于工业与民用建筑物和构筑物的不锈钢结构设计及施;不适用于直接动力荷载作用下需要进行疲劳验算的承重结构和构件。

【主要内容】本标准共分为8章和3个附录,其主要内容包括:总则;术语和符号;材料;设计基本规定;构件计算;连接计算和构造;防护;制作和安装。

5.1.55 T/CECS—CBIMU 8《钢结构设计 P-BIM 软件功能与信息交换标准》

【标准编号及版本】T/CECS—CBIMU 8—2017

【标准名称】钢结构设计 P－BIM 软件功能与信息交换标准

【施行日期】2017—10—01

【发布单位】中国工程建设标准化协会

【适用范围】本标准适用于工业与民用建筑钢结构设计 P-BIM 软件的编制,以及与钢结构设计相关子模型数据的互用与管理。

【主要内容】本标准共分为7章和3个附录,其主要内容包括:总则;术语;基本规定;数据导入;专业检查;成果交付;数据交付。

5.1.56 T/CECS 507《钢结构模块建筑技术规程》

【标准编号及版本】T/CECS 507—2018

【标准名称】钢结构模块建筑技术规程

【施行日期】2018—05—01

【发布单位】中国工程建设标准化协会

【适用范围】本标准适用于抗震设防烈度8度及以下,总高度不超过 100 m 工业与民用钢结构模块建筑的设计、施工与验收。

【主要内容】本标准主要分为8章和5个附录,其主要内容包括:总则;术语;建筑设计基本规定;围护体系设计;结构设计;模块单元制作;运输与安装;工程验收。

5.1.57　T/CECS 599《高性能建筑钢结构应用技术规程》
【标准编号及版本】T/CECS 599—2019
【标准名称】高性能建筑钢结构应用技术规程
【施行日期】2019—12—01
【发布单位】中国工程建设标准化协会
【适用范围】该规程适用于抗震设防烈度为 6 度至 9 度以及非抗震设防的多层及高层建筑钢结构。
【主要内容】本标准主要分为 8 章,其主要内容包括:总则;术语与符号;基本规定;高性能材料;高性能结构体系;高强钢构件及连接;高延性构件及连接;施工与验收。

5.1.58　T/CECS 634《铝合金空间网格结构技术规程》
【标准编号及版本】T/CECS 634—2019
【标准名称】铝合金空间网格结构技术规程
【施行日期】2020—04—01
【发布单位】中国工程建设标准化协会
【适用范围】本标准适用于主要以铝合金杆件组成的空间网格结构的设计、加工、安装及验收;不适用于直接承载反复动力荷载作用并需要疲劳计算的结构。
【主要内容】本标准主要分为 7 章,其主要内容包括:总则;术语和符号;基本规定;结构计算;杆件与节点的设计与构造;制作安装与防腐;验收。

5.1.59　T/CECS 756《建筑铝合金结构防火技术规程》
【标准编号及版本】T/CECS 756—2020
【标准名称】建筑铝合金结构防火技术规程
【施行日期】2021—02—01

【发布单位】中国工程建设标准化协会

【适用范围】本标准适用于新建、扩建和改建的建筑铝合金结构的抗火设计和防火保护。

【主要内容】本标准主要分为7章,主要内容包括:总则;术语和符号;铝合金结构防火要求;铝合金材料特性;铝合金结构建筑抗火验算;防火保护措施;防火保护施工及验收。

5.1.60 DG/TJ 08—32《高层建筑钢结构设计规程》

【标准编号及版本】DG/TJ 08—32—2008

【标准名称】高层建筑钢结构设计规程

【施行日期】2008—07—01

【发布单位】上海市建设和交通委员会

【适用范围】本标准适用于由钢框架或钢组合框架与钢支撑框架、钢板剪力墙或钢筋混凝土剪力墙板组成的高层民用建筑钢结构的设计。本标准的内容不包含高层工业建筑钢结构的设计。

【主要内容】本标准共分为14章和6个附录,其主要内容包括:总则;术语、符号;材料;基本设计规定;结构体系与布置原则;作用和作用效应组合;结构分析;钢结构构件设计;节点设计;消能减震设计;防屈曲支撑框架设计;非结构构件;钢结构防火及防腐;制作与安装。

5.1.61 DG/TJ 08—2029《多高层钢结构住宅技术规程》

【标准编号及版本】DG/TJ 08—2029—2007

【标准名称】多高层钢结构住宅技术规程

【施行日期】2007—12—01

【发布单位】上海市建设和交通委员会

【适用范围】本标准适用于上海市100 m高以下新建多、高层钢结构住宅的设计、制造和安装。改建和扩建的多、高层钢结构住宅可参照使用。

【主要内容】本标准共分为 6 章和 14 个附录,其主要内容包括:总则;术语;建筑设计;结构设计;建筑设备;工厂制作与施工安装。

5.1.62 DG/TJ 08—2089《轻型钢结构技术规程》

【标准编号及版本】DG/TJ 08—2089—2012

【标准名称】轻型钢结构技术规程

【施行日期】2012—04—01

【发布单位】上海市城乡建设和交通委员会

【适用范围】本标准适用于上海地区钢结构房屋中的以热轧轻型型钢、轻型焊接和高频焊接型钢、冷弯薄壁型钢以及薄柔截面构件等作为主要受力构件的轻型钢结构的设计、制作和安装;受有强烈腐蚀性环境作用的轻型钢结构的防护应按国家现行相关标准设计。

【主要内容】本标准共分为 12 章和 8 个附录,其主要内容包括:总则;术语和符号;材料;结构设计的基本规定;作用和作用效应组合;轻型框架体系房屋结构;交错桁架体系房屋结构;门式刚架体系房屋结构;低层龙骨体系房屋结构;轻型钢结构防护要求;轻型钢结构制作;轻型钢结构安装。

5.1.63 DG/TJ 08—56《建筑幕墙工程技术标准》

【标准编号及版本】DG/TJ 08—56—2019

【标准名称】建筑幕墙工程技术标准

【施行日期】2020—04—01

【发布单位】上海市住房和城乡建设管理委员会

【适用范围】本标准适用于建筑幕墙工程的设计、制作、施工、检验、验收和围护保养。

【主要内容】本标准共分为 24 章和 9 个附录,其主要内容包括:总则;术语和符号;材料;建筑设计;幕墙光反射;幕墙热工设计;幕墙防火;幕墙防雷;结构设计的基本规定;面板设计;幕墙开启窗;

构件式幕墙;单元式幕墙;双层幕墙;全玻璃幕墙;点支承玻璃幕墙;采光顶棚和金属屋面;光伏幕墙;检验与检测;加工制作;安装施工;工程验收;维护保养。

5.2　产品设计技术标准

5.2.1　GB 4053.1《固定式钢梯及平台安全要求　第1部分:钢直梯》

【标准编号及版本】GB 4053.1—2009

【标准名称】固定式钢梯及平台安全要求　第1部分:钢直梯

【施行日期】2009—12—01

【发布单位】中华人民共和国国家质量监督检验检疫总局、中国国家标准化管理委员会

【适用范围】本标准适用于工业企业内工作场所使用的固定式钢直梯(另有标准规定的除外)。

【主要内容】本标准规定了固定式钢直梯的设计、制造和安装方面的基本安全要求。

5.2.2　GB 4053.2《固定式钢梯及平台安全要求　第2部分:钢斜梯》

【标准编号及版本】GB 4053.2—2009

【标准名称】固定式钢梯及平台安全要求　第2部分:钢斜梯

【施行日期】2009—12—01

【发布单位】中华人民共和国国家质量监督检验检疫总局、中国国家标准化管理委员会

【适用范围】本标准适用于工业企业内工作场所使用的固定式钢斜梯(另有标准规定的除外)。

【主要内容】本标准规定了固定式钢斜梯的设计、制造和安装方面的基本安全要求。

5.2.3 GB 4053.3《固定式钢梯及平台安全要求 第3部分：工业防护栏杆及钢平台》

【标准编号及版本】GB 4053.3—2009

【标准名称】固定式钢梯及平台安全要求 第3部分：工业防护栏杆及钢平台

【施行日期】2009—12—01

【发布单位】中华人民共和国国家质量监督检验检疫总局、中国国家标准化管理委员会

【适用范围】本标准适用于工业企业内工作场所使用的防护栏杆及钢平台（另有标准规定的除外）。

【主要内容】本标准规定了工业防护栏杆及钢平台的设计、制造和安装方面的基本安全要求。

5.2.4 GB 50896《压型金属板工程应用技术规范》

【标准编号及版本】GB 50896—2013

【标准名称】压型金属板工程应用技术规范

【施行日期】2014—07—01

【发布单位】中华人民共和国住房和城乡建设部、中华人民共和国国家质量监督检验检疫总局

【适用范围】本标准适用于新建、扩建和改建的工业与民用建筑压型金属板系统的设计、施工、验收和维护。

【主要内容】本标准共分为10章和5个附录，其主要内部包括：总则；术语和符号；基本规定；材料；建筑设计；结构设计与计算；加工、运输及贮存；安装；验收；维护与维修等。

5.2.5 GB/T 32120《钢结构氧化聚合型包覆防腐蚀技术》

【标准编号及版本】GB/T 32120—2015

【标准名称】钢结构氧化聚合型包覆防腐蚀技术

【施行日期】2016—05—01

【发布单位】中华人民共和国国家质量监督检验检疫总局、中国国家标准化管理委员会

【适用范围】本标准适用于大气环境中钢结构的氧化聚合型包覆防腐蚀技术。

【主要内容】本标准规定了钢结构的氧化聚合型包覆防腐蚀技术的范围、规范性引用文件、术语和定义、防腐层结构、施工、检验与验收、运行维护与管理。

5.2.6 GB/T 37260.1《箱型轻钢结构房屋 第1部分:可拆装式》

【标准编号及版本】GB/T 37260.1—2018

【标准名称】箱型轻钢结构房屋 第1部分:可拆装式

【施行日期】2019—11—01

【发布单位】国家市场监督管理总局、中国国家标准化管理委员会

【适用范围】本标准适用于具有建筑使用功能,可独立使用的或作为一个建筑体组合模块的可拆装式箱型轻钢结构房屋。

【主要内容】本标准规定了箱型轻钢结构房屋的术语和定义、规格和标记、一般要求、材料及构件、工艺及性能、试验方法、检验规则以及标志、包装、运输和贮存。

5.2.7 GB/T 50018《冷弯薄壁型钢结构技术规范》

【标准编号及版本】GB/T 50018—2002

【标准名称】冷弯薄壁型钢结构技术规范

【施行日期】2003—01—01

【发布单位】中华人民共和国建设部、中华人民共和国国家质量监督检验检疫总局

【适用范围】本标准适用于建筑工程的冷弯薄壁型钢结构的设计与施工。

【主要内容】本标准共分为11章和4个附录,其主要内容包括:总则;术语、符号;材料;基本设计规定;构件的计算;连接的计算与

构造;压型钢板;檩条与墙梁;屋架;刚架;制作安装和防腐。

5.2.8 CJJ/T 235《城镇桥梁钢结构防腐蚀涂装工程技术规程》

【标准编号及版本】CJJ/T 235—2015

【标准名称】城镇桥梁钢结构防腐蚀涂装工程技术规程

【施行日期】2016—05—01

【发布单位】中华人民共和国住房和城乡建设部

【适用范围】本标准适用于城镇桥梁钢结构防腐蚀涂装工程的设计、施工、质量验收和维护。

【主要内容】本标准共分为 7 章和 3 个附录,其主要内容包括:总则;术语;基本规定;设计;施工;质量验收;维护。

5.2.9 JGJ 255《采光顶与金属屋面技术规程》

【标准编号及版本】JGJ 255—2012

【标准名称】采光顶与金属屋面技术规程

【施行日期】2012—10—01

【发布单位】中华人民共和国住房和城乡建设部

【适用范围】本标准适用于民用建筑采光顶与金属屋面工程的材料选用、设计、制作、安装施工、工程验收以及维修和保养,适用于非抗震设计采光顶与金属屋面工程、抗震设防烈度为 6、7、8 度的采光顶工程和抗震设防烈度为 6、7、8 和 9 度的金属屋面工程。

【主要内容】本标准共分为 11 章和 3 个附录,其主要内容包括:总则;术语和符号;材料;建筑设计;结构设计基本规定;面板及支撑构件设计;构造及连接设计;加工制作;安装施工;工程验收;保养和维修。

5.2.10 JGJ 459《整体爬升钢平台模架技术标准》

【标准编号及版本】JGJ 459—2019

【标准名称】整体爬升钢平台模架技术标准

【施行日期】2019—06—01

【发布单位】中华人民共和国住房和城乡建设部

【适用范围】本标准适用于建筑工程、构筑物工程的高耸现浇混凝土结构施工用整体钢平台模架的设计、制作、安装、爬升、作业及拆除。

【主要内容】本标准共分为 10 章和 4 个附录,其主要内容包括:总则;术语和符号;基本规定;结构分析;设计计算;构造要求;构件制作;安装与拆除;爬升与作业;安全管理。

5.2.11 JGJ/T 380《钢板剪力墙技术规程》

【标准编号及版本】JGJ/T 380—2015

【标准名称】钢板剪力墙技术规程

【施行日期】2016—06—01

【发布单位】中华人民共和国住房和城乡建设部

【适用范围】本标准适用于非加劲钢板剪力墙、加劲钢板剪力墙、防屈曲钢板剪力墙、钢板组合剪力墙、开缝钢板剪力墙的设计、制作安装及验收。

【主要内容】本标准共分为 12 章和 5 个附录,其主要内容包括:总则;术语和符号;基本规定;非加筋钢板剪力墙;加筋钢板剪力墙;防屈曲钢板剪力墙;钢板组合剪力墙;开缝钢板剪力墙;节点设计与连接构造;防火与防腐;制作与安装;质量验收。

5.2.12 JGJ/T 421《冷弯薄壁型钢多层住宅技术标准》

【标准编号及版本】JGJ/T 421—2018

【标准名称】冷弯薄壁型钢多层住宅技术标准

【施行日期】2019—01—01

【发布单位】中华人民共和国住房和城乡建设部

【适用范围】本标准适用于 4 层～6 层及檐口高度不大于 20 m 的冷弯薄壁型钢多层住宅的设计、制作、安装和验收。

【主要内容】本标准共分为 15 章,其主要内容包括:总则;术语和符号;材料;建筑设计基本规定;结构设计基本规定;作用与作用效应计算;构件与连接设计;墙体结构设计;楼盖结构设计;屋盖结构设计;基础设计;防火与防腐;制作与安装;设备安装;验收。

5.2.13 CECS 148《户外广告设施钢结构技术规程》

【标准编号及版本】CECS 148:2003

【标准名称】户外广告设施钢结构技术规程

【施行日期】2003—07—01

【发布单位】中国工程建设标准化协会

【适用范围】本标准适用于各种形式户外广告牌(包括落地广告牌、屋顶广告牌、墙面广告牌,各种路标、招牌、灯箱等)钢结构的设计与施工。

【主要内容】本标准共分为 11 章和 2 个附录,其主要内容包括:总则;术语和符号;材料;作用;基本设计规定;构件与连接设计;基础和支座设计;广告牌钢结构制作;广告牌钢结构安装;工程验收;维护保养及安全检测。

5.2.14 CECS 235《铸钢节点应用技术规程》

【标准编号及版本】CECS 235:2008

【标准名称】铸钢节点应用技术规程

【施行日期】2008—07—01

【发布单位】中国工程建设标准化协会

【适用范围】本标准适用于工业与民用建筑和一般构筑物的铸钢节点的设计与制作。

【主要内容】本标准共分为 8 章和 1 个附录,其主要内容包括:总则;术语、符号;材料及设计指标;设计规定;构造规定;加工要求;焊接要求;检查与验收。

5.2.15 CECS 478《砌体房屋钢管混凝土柱支座隔震技术规程》

【标准编号及版本】CECS 478:2017

【标准名称】砌体房屋钢管混凝土柱支座隔震技术规程

【施行日期】2017—10—01

【发布单位】中国工程建设标准化协会

【适用范围】本标准适用于抗震设防烈度为 6 度～9 度地区,采用钢管混凝土柱隔震技术的单层或多层砌体结构房屋的设计与施工。

【主要内容】本标准共分为 5 章,其主要内容包括:总则;术语;基本规定;隔震设计与构造;施工、验收、维护和震后恢复。

5.2.16 T/CECS 506《矩形钢管混凝土节点技术规程》

【标准编号及版本】T/CECS 506—2018

【标准名称】矩形钢管混凝土节点技术规程

【施行日期】2018—05—01

【发布单位】中国工程建设标准化协会

【适用范围】本标准适用于工业与民用建筑和一般构筑物的矩形钢管混凝土梁柱节点的设计与施工。

【主要内容】本标准共分为 7 章和 2 个附录,其主要内容包括:总则;术语和符号;基本规定;材料;节点构造与设计;节点防腐与防火;施工。

5.2.17 T/CSCS TC01—01《钢结构用自锁式单向高强螺栓连接副技术条件》

【标准编号及版本】T/CSCS TC01—01—2018

【标准名称】钢结构用自锁式单向高强螺栓连接副技术条件

【施行日期】2019—01—01

【发布单位】中国钢结构协会

【适用范围】本标准适用于铁路和公路桥梁、锅炉钢结构、工业厂房、高层民用建筑、塔桅结构、起重机械及其他钢结构高强度螺栓连接中的闭口截面构件或一端不易触及的连接节点部位。

【主要内容】本标准规定了钢结构用自锁式单向高强螺栓连接副的范围、规范性引用文件、部件说明、要求、试验方法、检验规则、标志及包装。

6 钢结构施工标准

6.1 主体结构施工标准

6.1.1 GB 50755《钢结构工程施工规范》

【标准编号及版本】GB 50755—2012

【标准名称】钢结构工程施工规范

【施行日期】2012—08—01

【发布单位】中华人民共和国住房和城乡建设部、中华人民共和国国家质量监督检验检疫总局

【适用范围】本标准适用于工业与民用建筑及构筑物钢结构工程的施工。

【主要内容】本标准规定了钢结构工程施工的术语和符号、基本规定、施工阶段设计、材料、焊接、紧固连接、零件及部件加工、构件组装及加工、钢结构预拼装、钢结构安装、压型金属板、涂装、施工测量、施工监测、施工安全和环境保护。

6.1.2 GB 50901《钢-混凝土组合结构施工规范》

【标准编号及版本】GB 50901—2013

【标准名称】钢-混凝土组合结构施工规范

【施行日期】2014—07—01

【发布单位】中华人民共和国住房和城乡建设部、中华人民共和国国家质量监督检验检疫总局

【适用范围】本标准适用于工业与民用建筑和一般构筑物的钢-混凝土组合结构工程施工及验收。

【主要内容】本标准规定了钢-混凝土组合结构施工的术语和符号、基本规定、材料与构件、钢管混凝土柱、型钢混凝土柱、型钢混凝土梁、钢-混凝土组合剪力墙、钢-混凝土组合板、质量验收。

6.1.3 GB/T 29860《通信钢管铁塔制造技术条件》

【标准编号及版本】GB/T 29860—2013

【标准名称】通信钢管铁塔制造技术条件

【施行日期】2014—02—01

【发布单位】中华人民共和国国家质量监督检验检疫总局、中国国家标准化管理委员会

【适用范围】本标准适用于主材为钢管、采用热浸镀锌防腐涂装、结构型式为单管或多管的通信铁塔的制造及检验。

【主要内容】本标准规定了通信钢管铁塔术语、定义和符号、产品分类、要求、试验方法、检验规则、标志、包装、运输和贮存。

6.1.4 JG/T 8《钢桁架构件》

【标准编号及版本】JG/T 8—2016

【标准名称】钢桁架构件

【施行日期】2016—12—01

【发布单位】中华人民共和国住房和城乡建设部

【适用范围】本标准适用于工业与民用建筑用角钢、T型钢、H型钢、槽钢、工字钢等组成的平面钢桁架;标准不适用于按规定要求进行疲劳计算的桁架。

【主要内容】本标准规定了钢桁架构件的术语和定义、一般规定、要求、试验方法、检验规则及标志、包装、运输和贮存。

6.1.5 JG/T 144《门式刚架轻型房屋钢构件》

【标准编号及版本】JG/T 144—2016

【标准名称】门式刚架轻型房屋钢构件

【施行日期】2016—12—01

【发布单位】中华人民共和国住房和城乡建设部

【适用范围】本标准适用于一般工业与民用建筑的门式刚架轻型房屋钢结构构件。

【主要内容】本标准规定了门式刚架轻型房屋钢构件的术语和定义、代号与型号、一般规定、要求、试验方法、检验规则、标志、包装、运输和贮存等。

6.1.6 JG/T 182《住宅轻钢装配式构件》

【标准编号及版本】JG/T 182—2008

【标准名称】住宅轻钢装配式构件

【施行日期】2009—03—01

【发布单位】中华人民共和国住房和城乡建设部

【适用范围】本标准适用于冷弯薄壁型钢构件。

【主要内容】本标准规定了住宅轻钢装配式构件的分类与代号、要求、试验方法、检验规则、标志、包装、运输和贮存等。

6.1.7 JTG/T F50《公路桥涵施工技术规范》

【标准编号及版本】JTG/T F50—2011

【标准名称】公路桥涵施工技术规范

【施行日期】2011—08—01

【发布单位】中华人民共和国交通运输部

【适用范围】本标准适用于各级公路桥涵新建、改建和扩建工程的施工。

【主要内容】本标准规定了公路桥涵施工技术的术语、施工准备和施工测量、钢筋、模板与支架、混凝土工程、预应力混凝土工程、钢结构工程、灌注桩、沉入桩、沉井、地下连续墙、基坑、浅基础、承台、桥墩、桥台、梁式桥、钢混组合结构、拱桥、斜拉桥、悬索桥、海上桥架、桥面及附属工程、涵洞及通道、冬雨期和热期施工、安全施工和环境保护、工程交工。

6.1.8 SH/T 3607《石油化工钢结构工程施工技术规程》
【标准编号及版本】SH/T 3607—2011
【标准名称】石油化工钢结构工程施工技术规程
【施行日期】2011—06—01
【发布单位】中华人民共和国工业和信息化部
【适用范围】本标准适用于石油化工工程新建、扩建与改建项目碳素结构钢、低合金结构钢制作的塔架、管廊和框架等钢结构工程的施工。
【主要内容】本标准规定了石油化工工程中塔架、管廊和框架等钢结构工程工厂化制造和安装施工工艺及质量要求。

6.1.9 JGJ/T 216《铝合金结构工程施工规程》
【标准编号及版本】JGJ/T 216—2010
【标准名称】铝合金结构工程施工规程
【施行日期】2011—03—01
【发布单位】中华人民共和国住房和城乡建设部
【适用范围】本标准适用于建筑工程的单层框架、多层框架、空间网格、面板以及幕墙等铝合金结构工程的施工。
【主要内容】本标准的主要内容包括：总则；术语和符号；基本规定；材料；铝合金零部件加工和组装；铝合金焊接；紧固件链接；预拼装；铝合金框架结构安装；铝合金空间网格结构安装；铝合金面板安装；铝合金幕墙结构安装。

6.1.10 DG/TJ 08—216《钢结构制作与安装规程》
【标准编号及版本】DG/TJ 08—216—2016
【标准名称】钢结构制作与安装规程
【施行日期】2016—11—01

【发布单位】上海市住房和城乡建设管理委员会

【适用范围】本标准适用于工业、民用建筑和构筑物钢结构工程的制作与安装。

【主要内容】本标准主要内容包括：总则；术语、符号；基本规定；施工详图与工艺设计；材料；零部件加工；构件组装；焊接；紧固件连接；管桁架制作；空间格构结构制作；特种构件制作；预拼装；涂装；包装；标记及运输；施工阶段设计；基础；支承面和预埋件；起重设备和吊具；施工测量；构件安装；单层钢结构安装；多层与高层钢结构安装；大跨度空间钢结构安装；高耸钢结构安装；压型金属板施工；施工监测；安全和环境保护；工程质量编制与管理等。

6.1.11   Q/CR 9211《铁路钢桥制造规范》

【标准编号及版本】Q/CR 9211—2015

【标准名称】铁路钢桥制造规范

【施行日期】2015—06—01

【发布单位】中国铁路总公司

【适用范围】本标准适用于铁路钢桥制造及质量检验。对于本标准未涉及的新技术、新结构、新材料、新工艺，制造中应进行试验，并根据试验结果确定所必须补充的标准。

【主要内容】本标准规定了铁路钢桥制造的术语和符号、材料、制造、质量检验。

6.2   专项施工标准

6.2.1   GB 50661《钢结构焊接规范》

【标准编号及版本】GB 50661—2011

【标准名称】钢结构焊接规范

【施行日期】2012—08—01

【发布单位】中华人民共和国住房和城乡建设部、中华人民共和国

国家质量监督检验检疫总局

【适用范围】本标准适用于工业与民用钢结构工程中承受静荷载或动荷载、钢材厚度不小于 3 mm 的结构焊接。本标准适用的焊接方法包括焊条电弧焊、气体保护电弧焊、药芯焊丝自保护焊、埋弧焊、电渣焊、气电立焊、栓钉焊及其组合。

【主要内容】本标准主要内容包括：总则；术语符号；基本规定；材料；焊接连接构造设计；焊接工艺评定；焊接工艺；焊接检验；焊接补强与加固。

6.2.2 GB 51162《重型结构和设备整体提升技术规范》

【标准编号及版本】GB 51162—2016

【标准名称】重型结构和设备整体提升技术规范

【施行日期】2016—12—01

【发布单位】中华人民共和国住房和城乡建设部、中华人民共和国国家质量监督检验检疫总局联合发布。

【适用范围】本标准适用于提升重量不超过 8 000 t、提升高度不超过 100 m 的大型建筑结构和提升重量不超过 6 000 t、提升高度不超过 120 m 的大型设备，并采用计算机控制液压整体提升工程的设计和施工。

【主要内容】本标准主要内容包括：总则；术语符号；基本规定；荷载与作用；重型结构整体提升的结构系统；重型设备（门式起重机）整体提升的结构系统；计算机控制液压提升系统；重型结构和设备整体提升。

6.2.3 GB 51210《建筑施工脚手架安全技术统一标准》

【标准编号及版本】GB 51210—2016

【标准名称】建筑施工脚手架安全技术统一标准

【施行日期】2017—07—01

【发布单位】中华人民共和国住房和城乡建设部、中华人民共和国

国家质量监督检验检疫总局

【适用范围】本标准适用于建筑工程和市政工程施工用脚手架的设计、施工、使用及管理。

【主要内容】本标准主要内容包括：总则；术语和符号；基本规定；材料、构配件；荷载；设计；结构试验与分析；构造要求；搭设与拆除；质量控制；安全管理。

6.2.4 GB/T 28699《钢结构防护涂装通用技术条件》

【标准编号及版本】GB/T 28699—2012

【标准名称】钢结构防护涂装通用技术条件

【施行日期】2013—03—01

【发布单位】中华人民共和国国家质量监督检验检疫总局、中国国家标准化管理委员会

【适用范围】本标准适用于钢结构及钢结构附属件的防护涂装。

【主要内容】本标准规定了钢结构防护涂装的涂层体系技术要求、检验方法、检测及验收规则及典型的涂层体系，规定了涂装作业的安全、卫生和环境保护要求。

6.2.5 JGJ 33《建筑机械使用安全技术规程》

【标准编号及版本】JGJ 33—2012

【标准名称】建筑机械使用安全技术规程

【施行日期】2012—11—01

【发布单位】中华人民共和国住房和城乡建设部

【适用范围】本标准适用于建筑施工中各类建筑机械的使用与管理。

【主要内容】本标准主要内容包括：总则；基本规定；动力与电气装置；起重机械与垂直运输机械；土石方机械；运输机械；桩工机械；混凝土机械；钢筋加工机械；木工机械；地下施工机械；焊接机械；其他中小型机械。

6.2.6　JGJ 80《建筑施工高处作业安全技术规范》

【标准编号及版本】JGJ 80—2016

【标准名称】建筑施工高处作业安全技术规范

【施行日期】2016—12—01

【发布单位】中华人民共和国住房和城乡建设部

【适用范围】本标准适用于建筑工程施工高处作业中的临边、洞口、攀登、悬空、操作平台、交叉作业及安全网搭设等项作业,亦适用于其他高处作业的各类洞、坑、沟、槽等的施工。

【主要内容】本标准主要内容包括:总则;术语和符号;基本规定;临边与洞口作业;攀登与悬空作业;操作平台;交叉作业;建筑施工安全网。

6.2.7　JGJ 147《建筑拆除工程安全技术规范》

【标准编号及版本】JGJ 147—2016

【标准名称】建筑拆除工程安全技术规范

【施行日期】2017—05—01

【发布单位】中华人民共和国住房和城乡建设部

【适用范围】本标准适用工业和民用建筑工程、市政基础设施整体或局部拆除工程的施工与安全管理。

【主要内容】本标准主要内容包括:总则;术语;基本规定;施工准备;拆除施工;安全管理;文明施工。

6.2.8　JGJ 160《施工现场机械设备检查技术规范》

【标准编号及版本】JGJ 160—2016

【标准名称】施工现场机械设备检查技术规范

【施行日期】2017—03—01

【发布单位】中华人民共和国住房和城乡建设部

【适用范围】本标准适用新建、扩建和改建的工业与民用建筑及市政工程施工现场机械设备的检查。

【主要内容】本标准主要内容包括:总则;术语;基本规定;动力设备;土方及筑路机械;桩工机械;起重机械;高空作业设备;混凝土机械;焊接机械;钢筋加工机械;木工机械;砂浆机械;非开挖机械。

6.2.9　JGJ 196《建筑施工塔式起重机安装、使用、拆卸安全技术规程》

【标准编号及版本】JGJ 196—2010

【标准名称】建筑施工塔式起重机安装、使用、拆卸安全技术规程

【施行日期】2010—07—01

【发布单位】中华人民共和国住房和城乡建设部

【适用范围】本标准适用于房屋建筑工程、市政工程使用的塔式起重机安装、使用和拆卸。

【主要内容】本标准主要内容包括:总则;基本规定;塔式起重机的安装;塔式起重机的使用;塔式起重机的拆卸;吊索具的使用。

6.2.10　JGJ 231《建筑施工承插型盘扣式钢管支架安全技术规程》

【标准编号及版本】JGJ 231—2010

【标准名称】建筑施工承插型盘扣式钢管支架安全技术规程

【施行日期】2011—10—01

【发布单位】中华人民共和国住房和城乡建设部

【适用范围】本标准适用于建筑工程和市政工程等施工中采用插型盘扣式钢管支架搭设的模板支架和脚手架的设计、施工、验收和使用。

【主要内容】本标准主要内容包括:总则;术语和符号;主要构配件的材质及制作质量要求;荷载;结构设计计算;构造要求;搭设与拆除;检查与验收;安全管理与维护。

6.2.11　JGJ 276《建筑施工起重吊装安全技术规范》

【标准编号及版本】JGJ 276—2012

【标准名称】建筑施工起重吊装安全技术规范

【施行日期】2012—06—01

【发布单位】中华人民共和国住房和城乡建设部

【适用范围】本标准适用建筑工程施工中的起重吊装作业。

【主要内容】本标准主要内容包括：总则；术语和符号；基本规定；起重机和索具设备；混凝土结构吊装；钢结构吊装；网架吊装。

6.2.12　JGJ 300《建筑施工临时支撑结构技术规范》

【标准编号及版本】JGJ 300—2013

【标准名称】建筑施工临时支撑结构技术规范

【施行日期】2014—01—01

【发布单位】中华人民共和国住房和城乡建设部

【适用范围】本标准适用于在建筑施工中用钢管脚手架搭设的建筑施工临时支撑结构的设计、施工与监测。

【主要内容】本标准主要内容包括：总则；术语、符号；基本规定；结构设计计算；构造要求；特殊支撑结构；施工；监测。

6.2.13　JG/T 368《钢筋桁架楼承板》

【标准编号及版本】JG/T 368—2012

【标准名称】钢筋桁架楼承板

【施行日期】2012—08—01

【发布单位】中华人民共和国住房和城乡建设部

【适用范围】本标准适用于工业与民用建筑及构筑物组合楼盖所用的钢筋桁架楼承板的生产、检验和验收。

【主要内容】本标准规定了钢筋桁架楼承板的术语和定义、标记与示例、材料、要求、试验方法、检验规则、订货内容、标志、包装、运输和贮存。

6.2.14　JB/T 11270《立体仓库组合式钢结构货架　技术条件》

【标准编号及版本】JB/T 11270—2011

【标准名称】立体仓库组合式钢结构货架　技术条件
【施行日期】2012—04—01
【发布单位】中华人民共和国工业和信息化部
【适用范围】本标准适用于由巷道堆垛起重机存取货物且单元货位载重量不超过 3 000 kg 的立体仓库组合式货架。
【主要内容】本标准规定了立体仓库组合式钢结构货架的技术要求、试验方法、检验规则、标志、包装、运输和贮存。

6.2.15 YB/T 4563《钢结构产品标志、包装、贮存、运输及质量证明书》
【标准编号及版本】YB/T 4563—2016
【标准名称】钢结构产品标志、包装、贮存、运输及质量证明书
【施行日期】2017—04—01
【发布单位】中华人民共和国工业和信息化部
【适用范围】本标准适用于钢结构产品从生产到交付安装过程中的产品质量控制。
【主要内容】本标准规定了钢结构产品标志、包装、贮存、装车运输和产品质量证明书的一般要求和方法。

6.2.16 YB/T 9256《钢结构、管道涂装技术规程》
【标准编号及版本】YB/T 9256—96
【标准名称】钢结构、管道涂装技术规程
【施行日期】1997—07—01
【发布单位】中华人民共和国冶金工业部
【适用范围】本标准适用于新建、扩建和改建工程的钢结构、非标设备、管道的涂装工程设计、施工及验收;适用于利用涂料的涂层作用防止钢结构腐蚀而采用的涂装方法;适用于使用温度在 400 ℃以下的涂装工程,使用温度在 400 ℃以上的涂装工程,按设计要求执行。

【主要内容】本标准主要内容包括:总则;涂装前钢材表面预处理;涂料;涂装设计;涂装施工;安全技术;质量检查及验收;埋地管道防腐蚀。

6.2.17 CECS 24《钢结构防火涂料应用技术规范》

【标准编号及版本】CECS24:90

【标准名称】钢结构防火涂料应用技术规范

【批准日期】1990—09—10

【发布单位】中国工程建设标准化协会

【适用范围】本标准适用于建筑物及构筑物钢结构防火保护涂层的设计、施工和验收。

【主要内容】本标准主要内容包括:总则;防火涂料及涂层厚度;钢结构防火涂料的施工;工程验收。

6.2.18 CECS 330《钢结构焊接热处理技术规程》

【标准编号及版本】CECS 330:2013

【标准名称】钢结构焊接热处理技术规程

【施行日期】2013—05—01

【发布单位】中国工程建设标准化协会

【适用范围】本标准适用于工地现场采用加热方法(火焰加热、电加热)对工业与民用建筑中碳钢、低合金高强钢焊接构件制作和安装时进行的焊接热处理。

【主要内容】本标准主要内容包括:总则;术语;基本规定;焊接热处理加热方法和设备;焊接热处理工艺;焊接热处理工艺措施;焊接热处理质量检查及要求;技术文件。

6.2.19 CECS 343《钢结构防腐蚀涂装技术规程》

【标准编号及版本】CECS 343:2013

【标准名称】钢结构防腐蚀涂装技术规程

【施行日期】2013—10—01

【发布单位】中国工程建设标准化协会

【适用范围】本标准适用于大气环境或有侵蚀性气态介质环境中建筑物和构筑物钢结构防腐蚀涂装的设计、施工和验收。

【主要内容】本标准主要内容包括:总则;术语;环境条件对钢结构腐蚀作用的分类;防腐蚀涂装工程设计;防腐蚀工程材料;防腐蚀涂装工程施工;工程验收;使用期内维护管理。

6.2.20 DGJ 08—70《建筑物、构筑物拆除规程》

【标准编号及版本】DGJ 08—70—2013

【标准名称】建筑物、构筑物拆除规程

【施行日期】2013—08—01

【发布单位】上海市城乡建设和交通委员会

【适用范围】本标准适用于上海市工业与民用建、构筑物及其附属设施的拆除工程。

【主要内容】本标准主要内容包括:总则;术语;一般规定;施工组织设计;技术论证;人工拆除;机械拆除;爆破拆除。

7 钢结构验收标准

7.1 主结构验收标准

7.1.1 GB 50205《钢结构工程施工质量验收标准》

【标准编号及版本】GB 50205—2020

【标准名称】钢结构工程施工质量验收标准

【施行日期】2020—08—01

【发布单位】中华人民共和国住房和城乡建设部、国家市场监督管理总局

【适用范围】本标准适用于工业与民用建筑及构筑物的钢结构工程施工质量的验收。本标准应与现行国家标准《建筑工程施工质量验收统一标准》GB 50300 配套使用。

【主要内容】本标准主要内容包括：总则；术语和符号；基本规定；原材料及成品验收；焊接工程；紧固件连接工程；钢零件及钢部件加工；钢构件组装工程；钢构件预拼装工程；单层、多高层钢结构安装工程；空间结构安装工程；压型金属板工程；涂装工程和钢结构分部竣工验收等。

7.1.2 GB 50300《建筑工程施工质量验收统一标准》

【标准编号及版本】GB 50300—2013

【标准名称】建筑工程施工质量验收统一标准

【施行日期】2014—06—01

【发布单位】中华人民共和国住房和城乡建设部、中华人民共和国国家质量监督检验检疫总局

【适用范围】本标准适用于建筑工程施工质量的验收,并作为建筑工程各专业验收规范编制的统一准则。

【主要内容】本标准主要内容包括:总则;术语;基本规定;建筑工程质量验收的划分;建筑工程质量验收;建筑工程质量验收的程序和组织。

7.1.3 GB 50550《建筑结构加固工程施工质量验收规范》

【标准编号及版本】50550—2010

【标准名称】建筑结构加固工程施工质量验收规范

【施行日期】2011—02—01

【发布单位】中华人民共和国住房和城乡建设部、中华人民共和国国家质量监督检验检疫总局

【适用范围】本标准适用于混凝土结构、砌体结构和钢结构加固工程的施工过程控制和施工质量验收。

【主要内容】本标准主要内容包括:总则;术语;基本规定;材料;混凝土构件增大截面工程;局部置换构件混凝土工程;混凝土构件绕丝工程;混凝土构件外加预应力工程;外粘或外包型钢工程;外粘纤维复合材工程;外粘钢板工程;钢丝绳网片外加聚合物砂浆面层工程;砌体或混凝土构件外加钢筋网-砂浆面层工程;砌体外加预应力撑杆工程;钢构件增大截面工程;钢构件焊缝补强工程;钢结构裂纹修复工程;混凝土及砌体裂纹修补工程;植筋工程;锚栓工程;灌浆工程;建筑结构加固工程竣工验收。

7.1.4 GB 50576《铝合金结构工程施工质量验收规范》

【标准编号及版本】GB50576—2010

【标准名称】铝合金结构工程施工质量验收规范

【施行日期】2010—12—01

【发布单位】中华人民共和国住房和城乡建设部、中华人民共和国

国家质量监督检验检疫总局

【适用范围】本标准适用于建筑工程的框架结构、空间网格结构、面板以及幕墙等铝合金结构工程施工质量的验收。

【主要内容】本标准主要内容包括:总则;术语;基本规定;原材料及成品进场;铝合金焊接工程;紧固件连接工程;铝合金零部件加工工程;铝合金构件组装工程;铝合金构件预拼装工程;铝合金框架结构安装工程;铝合金空间网格结构安装工程;铝合金面板工程;铝合金幕墙结构安装工程;防腐处理工程;铝合金结构分部(子分部)工程竣工验收。

7.1.5 GB 50628《钢管混凝土工程施工质量验收规范》

【标准编号及版本】GB 50628—2010

【标准名称】钢管混凝土工程施工质量验收规范

【施行日期】2011—10—01

【发布单位】中华人民共和国住房和城乡建设部、中华人民共和国国家质量监督检验检疫总局

【适用范围】本标准适用于建筑工程钢管混凝土工程施工质量的验收。

【主要内容】本标准主要内容包括:总则;术语;基本规定;钢管混凝土分项工程质量验收;钢管混凝土工程质量验收。

7.1.6 GB 51203《高耸结构工程施工质量验收规范》

【标准编号及版本】GB 51203—2016

【标准名称】高耸结构工程施工质量验收规范

【施行日期】2017—07—01

【发布单位】中华人民共和国住房和城乡建设部、中华人民共和国国家质量监督检验检疫总局

【适用范围】本标准适用于高度小于或等于 350 m 的中心对称或高度小于或等于 250 m 的非中心对称钢及混凝土高耸结构工程

的施工质量验收。对于高度超过 350 m 的中心对称或高度超过 250 m 的非中心对称的高耸结构,其施工质量验收标准应在工程施工前做专门论证。

【主要内容】本标准主要内容包括:总则;术语和符号;基本规定;地基与基础工程;高耸钢结构工程;高耸混凝土结构工程。

7.1.7 GB/T 50375《建筑工程施工质量评价标准》

【标准编号及版本】GB/T 50375—2016

【标准名称】建筑工程施工质量评价标准

【施行日期】2017—04—01

【发布单位】中华人民共和国住房和城乡建设部/中华人民共和国国家质量监督检验检疫总局

【适用范围】本标准适用于建筑工程施工质量优良等级评价。

【主要内容】本标准主要内容包括:总则;术语;基本规定;施工现场质量保证条件评价;地基及桩基工程质量评价;结构工程质量评价;屋面工程质量评价;装饰装修工程质量评价;安装工程质量评价;单位工程质量综合评价。

7.1.8 SH/T 3507《石油化工钢结构工程施工质量验收规范》

【标准编号及版本】SH/T 3507—2011

【标准名称】石油化工钢结构工程施工质量验收规范

【施行日期】2011—06—01

【发布单位】中华人民共和国工业和信息化部

【适用范围】本标准适用于石油化工工程新建、扩建与改建项目碳素结构钢、低合金结构钢制作的塔架、管廊和框架等钢结构工程的施工质量验收。

【主要内容】本标准规定了石油化工工程中塔架、管廊和框架等钢结构工程工厂化制造和安装施工的质量标准。

7.1.9　TB 10415《铁路桥涵工程施工质量验收标准》

【标准编号及版本】TB 10415—2018

【标准名称】铁路桥涵工程施工质量验收标准

【施行日期】2019—02—01

【发布单位】国家铁路局

【适用范围】本标准适用于新建和改建设计速度为 200 km/h 及以下铁路桥涵工程施工质量验收。

【主要内容】本标准主要内容包括：总则；术语；基本规定；明挖基础；桩基础；沉井基础；墩台；预应力混凝土简支 T 梁；预应力混凝土简支箱梁；预应力混凝土连续梁和连续刚构；结合梁；钢桁梁；拱桥；斜拉桥；钢筋混凝土刚构（架）和框架桥；支座；桥梁附属设施；涵洞；桥涵单位工程综合质量评定。

7.1.10　CECS 80《塔桅钢结构工程施工质量验收规程》

【标准编号及版本】CECS 80：2006

【标准名称】塔桅钢结构工程施工质量验收规程

【施行日期】2006—11—01

【发布单位】中国工程建设标准化协会

【适用范围】本标准适用于各种结构形式的广播电视塔、通信塔（构架式塔、单管塔、拉线杆塔）、微波塔、无线电桅杆等塔桅钢结构工程的加工、安装及验收。对输电高塔、石油化工塔、排气和火炬塔、照明灯杆塔、水塔等钢结构工程也可参照使用。

【主要内容】本标准主要内容包括：总则；术语、符号；基本规定；材料；零件、部件加工；预拼装；防腐蚀处理；包装、发运；安装；分部工程验收。

7.1.11　DG/TJ 08—89《空间格构结构工程质量检验及评定标准》

【标准编号及版本】DG/TJ 08—89—2016

【标准名称】空间格构结构工程质量检验及评定标准

【施行日期】2017—03—01

【发布单位】上海市住房和城乡建设管理委员会

【适用范围】本标准适用于上海地区建筑工程中格构结构工程质量的检验及评定。本标准应与现行国家标准《建筑工程施工质量验收统一标准》GB 50300、《钢结构工程施工质量验收标准》GB 50205、《空间格构结构设计规程》DG/TJ 08—52、《空间网格结构技术规程》JGJ 7配套使用。

【主要内容】本标准主要内容包括：总则；术语；基本规定；螺栓球（环）节点格构结构；焊接空心球节点格构结构；焊接钢板节点格构结构；钢管相贯节点格构结构；组合格构结构；索及预应力结构；铸钢件；支座；格构结构安装工程；格构结构焊接质量检验与评定；防腐与防火涂装工程；结构质量等级评定。

7.1.12　DG/TJ 08—010《轻型钢结构制作及安装验收标准》

【标准编号及版本】DG/TJ 08—010—2018

【标准名称】轻型钢结构制作及安装验收标准

【施行日期】2018—11—01

【发布单位】上海市住房和城乡建设管理委员会

【适用范围】本标准适用于以热轧型钢、焊接和高频焊接型钢以及冷弯薄壁型钢等作为主要受力构件的轻型钢结构工程的质量验收。本标准应与现行国家标准《建筑工程施工质量验收统一标准》GB 50300配套使用。

【主要内容】本标准主要内容包括：总则；术语、符号；基本规定；材料及成品验收；焊接工程；紧固件连接工程；零件及部件加工；组装与预拼装；安装工程；压型金属板工程；涂装工程；工程验收。

7.1.13　DG/TJ 08—2152《城市道路桥梁工程施工质量验收规范》

【标准编号及版本】DG/TJ 08—2152—2014

【标准名称】城市道路桥梁工程施工质量验收规范

【施行日期】2015—01—01

【发布单位】上海市城乡建设和管理委员会

【适用范围】本标准适用于上海地区新建、改建、扩建、大修的城市道路和各类桥梁(包括轨道交通高架桥、人行天桥等)工程的施工质量验收。

【主要内容】本标准主要内容包括:总则;术语;基本规定;路基;垫层;基层与底基层;面层;人行道;道路附属设施;模板和支(拱)架;钢筋;预应力;混凝土;基坑;桩基础;桥墩与桥台;钢筋混凝土和预应力混凝土梁桥;钢桥;斜拉桥;拱桥;桥梁桥面系及附属设施;城市桥梁工程总体和外观质量验收。

7.2 专项验收标准

7.2.1 GB 50207《屋面工程质量验收规范》

【标准编号及版本】GB 50207—2012

【标准名称】屋面工程质量验收规范

【施行日期】2012—10—01

【发布单位】中华人民共和国住房和城乡建设部、中华人民共和国国家质量监督检验检疫总局

【适用范围】本标准适用于房屋建筑屋面工程的质量验收。

【主要内容】本标准主要内容包括:总则;术语和符号;基本规定;基层与保护工程;保温与隔热工程;防水与密封工程;瓦面与板面工程;细部构造工程;屋面工程验收。

7.2.2 CECS 304《建筑用金属面绝热夹芯板安装及验收规程》

【标准编号及版本】CECS 304:2011

【标准名称】建筑用金属面绝热夹芯板安装及验收规程

【施行日期】2011—10—01

【发布单位】中国工程建设标准化协会

【适用范围】本标准适用于抗震设防烈度为 8 度和 8 度以下地区，以夹芯板作为一般工业与民用建筑的自承重系统与围护系统的施工与验收。

【主要内容】本标准主要内容包括：总则；术语；材料；安装；工程验收。

8 钢结构检验、检测、鉴定标准

8.1 检验、检测、鉴定标准

8.1.1 GB 51008《高耸与复杂钢结构检测与鉴定标准》

【标准编号及版本】GB 51008—2016

【标准名称】高耸与复杂钢结构检测与鉴定标准

【施行日期】2016—12—01

【发布单位】中华人民共和国住房和城乡建设部、中华人民共和国国家质量监督检验检疫总局

【适用范围】本标准适用于高耸与复杂钢结构的检测与鉴定。

【主要内容】本标准主要内容包括：总则；术语和符号；基本规定；材料的检测与评定；钢构件的检测与鉴定；连接和节点的检测与鉴定；专项检测与鉴定；钢结构系统可靠性鉴定；围护结构的检测与鉴定；钢结构抗震性能鉴定。

8.1.2 GB/T 5210《色漆和清漆　拉开法附着力试验》

【标准编号及版本】GB/T 5210—2006

【标准名称】色漆和清漆　拉开法附着力试验

【施行日期】2007—02—01

【发布单位】中华人民共和国国家质量监督检验检疫总局、中国国家标准化管理委员会

【适用范围】本标准适用于多种底材,不同类型的底材采用不同的步骤。易变形底材,如薄金属、塑料和木材;坚硬底材,如厚的混凝土板和金属板。对于特定的场合,涂层可以直接制备在试柱表面上。

【主要内容】本标准主要内容包括:范围;规范性引用文件;原理;需要补充的信息;仪器;胶黏剂;取样;试板;操作步骤;计算与结果表述;精密度;实验报告。

8.1.3 GB/T 9286《色漆和清漆 漆膜的划格试验》

【标准编号及版本】GB/T 9286—1998
【标准名称】色漆和清漆 漆膜的划格试验
【施行日期】1999—06—01
【发布单位】国家质量技术监督局
【适用范围】本标准适用于硬质底材(钢)和软质底材(木材和塑料)上的涂料,但使用前需要采用一种不同的试验步骤。
【主要内容】本标准主要内容包括:范围;引用标准;需要的补充资料;仪器;采样;试板;操作步骤;结果的表示;实验报告。

8.1.4 GB/T 8923.1《涂覆涂料前钢材表面处理 表面清洁度的目视评定 第1部分:未涂覆过的钢材表面和全面清除原有涂层后的钢材表面的锈蚀等级和处理等级》

【标准编号及版本】GB/T 8923.1—2011
【标准名称】涂覆涂料前钢材表面处理 表面清洁度的目视评定第1部分:未涂覆过的钢材表面和全面清除原有涂层后的钢材表面的锈蚀等级和处理等级
【施行日期】2012—10—01
【发布单位】中华人民共和国国家质量监督检验检疫总局、中国国家标准化管理委员会
【适用范围】本标准适用于采用喷射清理、手工和动力工具清理以及火焰清理等方法进行涂覆涂料前处理的热轧钢材表面,尽管这些方法很难获得可比较的结果。本质上,这些方法适用于热轧钢材,但是,这些方法,尤其是喷射清理方法,也适用于具有足够厚度而能够抵抗因磨料冲击或动力工具清理引起的变形的冷轧钢

材。本部分也适用于除残余氧化皮之外还牢固附着残余涂层和其他外来杂质的钢材表面。

【主要内容】本标准主要内容包括:范围;锈蚀等级;处理等级;钢材表面目视评定程序;照片;附录。

8.1.5 GB/T 8923.2《涂覆涂料前钢材表面处理 表面清洁度的目视评定 第2部分:已涂覆过的钢材表面局部清除原有涂层后的处理等级》

【标准编号及版本】GB/T 8923.2—2008

【标准名称】涂覆涂料前钢材表面处理 表面清洁度的目视评定 第2部分:已涂覆过的钢材表面局部清除原有涂层后的处理等级

【施行日期】2008—09—01

【发布单位】中华人民共和国国家质量监督检验检疫总局、中国国家标准化管理委员会

【适用范围】本标准适用于通过注入喷射清理、手工和动力工具清理以及机械打磨等方式进行涂覆涂料前处理的钢材表面。

【主要内容】本标准主要内容包括:范围;规范性引用文件;待清理的已涂覆表面状况;处理等级;照片;附录。

8.1.6 GB/T 8923.3《涂覆涂料前钢材表面处理 表面清洁度的目视评定第3部分:焊缝、边缘和其他区域的表面缺陷的处理等级》

【标准编号及版本】GB/T 8923.3—2009

【标准名称】涂覆涂料前钢材表面处理 表面清洁度的目视评定 第3部分:焊缝、边缘和其他区域的表面缺陷的处理等级

【施行日期】2009—11—01

【发布单位】中华人民共和国国家质量监督检验检疫总局、中国国家标准化管理委员会

【适用范围】本标准适用于涂覆涂料前应进行表面处理的带有缺陷的钢材表面,包括焊装表面。

【主要内容】本标准主要内容包括:范围;规范性引用文件;缺陷类型;处理等级。

8.1.7 GB/T 9444《铸钢铸铁件 磁粉检测》

【标准编号及版本】GB/T 9444—2019

【标准名称】铸钢铸铁件 磁粉检测

【施行日期】2020—03—01

【发布单位】国家市场监督管理总局、中国国家标准化管理委员会

【适用范围】本标准适用于铁磁性铸钢铸铁件表面及近表面缺陷的磁粉检测。

【主要内容】本标准主要内容包括:范围;规范性引用文件;术语和定义;一般要求;验收准则;显示的分级和评定;复验;检测记录和报告;附录。

8.1.8 GB/T 11345《焊缝无损检测 超声检测 技术、检测等级和评定》

【标准编号及版本】GB/T 11345—2013

【标准名称】焊缝无损检测 超声检测 技术、检测等级和评定

【施行日期】2014—06—01

【发布单位】中华人民共和国国家质量监督检验检疫总局、中国国家标准化管理委员会

【适用范围】本标准适用于母材厚度不小于 8 mm 的低超声衰减(特别是散射衰减小)金属材料熔化焊焊接接头手工超声检测。

【主要内容】本标准主要内容包括:范围;规范性引用文件;术语、定义和符号;总则;检测前需要的信息;人员和设备要求;检测区域;探头移动区;母材检测;时基线和灵敏度设定;检测等级;检测技术;检测报告;附录。

8.1.9 GB/T 29712《焊缝无损检测 超声检测 验收等级》

【标准编号及版本】GB/T 29712—2013

【标准名称】焊缝无损检测 超声检测 验收等级

【施行日期】2014—06—01

【发布单位】中华人民共和国国家质量监督检验检疫总局、中国国家标准化管理委员会

【适用范围】本标准适用于厚度为 8 mm～100 mm 的铁素体全熔透焊缝。如果在充分考虑工件的几何形状和声学性能情况下,能按照本标准验收等级所需检测灵敏度的要求下进行检测,本标准也可适用于其他类型、其他材质和厚度超过 100 mm 的焊缝。除非材质衰减或较高探头分辨力要求需要其他频率的探头,本标准使用的探头标称频率为 2 MHz～5 MHz。使用的频率不在此范围,则验收等级需要仔细考虑。

【主要内容】本标准主要内容包括:范围;规范性引用文件;显示长度的测量;灵敏度设定和等级;验收等级;附录。

8.1.10 GB/T 34478《钢板栓接面抗滑移系数的测定》

【标准编号及版本】GB/T 34478—2017

【标准名称】钢板栓接面抗滑移系数的测定

【施行日期】2018—07—01

【发布单位】中华人共和国国家质量监督检验检疫总局、中国国家标准化管理委员会

【适用范围】本标准适用于 M 12～M 30 的 10.9 S 高强度大六角螺栓连接副和 M 16～M 30 的 10.9 S 扭剪型高强度螺栓连接副摩擦型的钢板栓接面抗滑移系数的测定。其他螺栓连接副摩擦型的其他金属栓接面抗滑移系数的测定,也可参照使用此标准。

【主要内容】本标准主要内容包括:范围;规范性引用文件;术语和定义;试验原理;试验设备;试件;试验程序;试验结果数值的修约;试验报告。

8.1.11 GB/T 50621《钢结构现场检测技术标准》

【标准编号及版本】GB 50621—2010

【标准名称】钢结构现场检测技术标准

【施行日期】2011—06—01

【发布单位】中华人民共和国住房和城乡建设部、中华人民共和国国家质量监督检验检疫总局

【适用范围】本标准适用于钢结构中有关连接、变形、钢材厚度、钢材品种、涂装厚度、动力特性等的现场检测及检测结果的评价。

【主要内容】本标准主要内容包括：总则；术语和符号；基本规定；外观质量检测；表面质量的磁粉检测；表面质量的渗透检测；内部缺陷的超声波检测；高强度螺栓终拧扭矩检测；变形检测；钢材厚度检测；钢材品种检测；防腐涂层厚度检测；防火涂层厚度检测；钢结构动力特性检测。

8.1.12 JG/T 203《钢结构超声波探伤及质量分级法》

【标准编号及版本】JG/T 203—2007

【标准名称】钢结构超声波探伤及质量分级法

【施行日期】2007—11—01

【发布单位】中华人民共和国建设部

【适用范围】本标准适用于母材壁厚不小于 4 mm，球径不小于 120 mm，管径不小于 60 mm 的焊接空心球及球管焊接接头；母材壁厚不小于 3.5 mm，管径不小于 48 mm 的螺栓球节点杆件与锥头或封板焊接接头；支管管径不小于 89 mm、壁厚不小于 6 mm、局部二面角不小于 30°，支管壁厚外径比在 13% 以下的圆管相贯节点碳素结构钢和低合金高强度结构钢焊接接头的超声波探伤及质量分级。也适用于铸钢件、奥氏体球管和相贯节点焊接接头以及圆管对接或焊管焊缝的检测。

本标准还适用于母材厚度不小于 4 mm 的碳素结构钢和低合金高强度结构钢的钢板对接全焊透接头、箱形构件的电渣焊接

头、T 型接头、搭接角接接头等焊接接头以及钢结构用板材、锻件、铸钢件的超声波检测。也适用于方形矩形管节点、地下建筑结构钢管柱、先张法预应力管桩端板的焊接接头以及板壳结构曲率半径不小于 1 000 mm 的环缝和曲率半径不小于 1 500 mm 的纵缝的检测。桥梁工程、水工金属结构的焊接接头超声探伤及其结果质量分级也可参照执行。

【主要内容】本标准主要内容包括:范围;规范性引用文件;术语和定义;一般要求;试块;焊接检验;圆管相贯节点及其缺陷位置的判定方法;直探头检测;检测结果的质量分级;焊接接头返修检测;技术档案;附录。

8.1.13　JG/T 288《建筑钢结构十字接头试验方法》

【标准编号及版本】JG/T 288—2013

【标准名称】建筑钢结构十字接头试验方法

【施行日期】2013—06—01

【发布单位】中华人民共和国住房和城乡建设部

【适用范围】本标准适用于建筑钢结构采用直角角焊缝或组合焊缝的十字接头试验。T 型接头的硬度试验和宏观酸蚀试验可参照使用。

【主要内容】本标准主要内容包括:范围;规范性引用文件;术语和定义;符号;试件;试件制备;拉伸试验;冲击试验;硬度试验;宏观酸蚀试验;结构评定与复验;试验报告;附录。

8.1.14　YB/T 4390《工业建(构)筑物钢结构防腐蚀涂装质量检测、评定标准》

【标准编号及版本】YB/T 4390—2013

【标准名称】工业建(构)筑物钢结构防腐蚀涂装质量检测、评定标准

【施行日期】2014—03—01

【发布单位】中华人民共和国工业和信息化部

【适用范围】本标准适用于新建、既有工业建(构)筑物钢结构防腐蚀涂装的质量检测及评定。

【主要内容】本标准主要内容包括:总则;术语;基本规定;腐蚀环境评定;涂装配套体系的调查;涂装过程质量的调查;新建工业建(构)筑物钢结构防腐蚀涂装质量检测;既有工业建(构)筑物钢结构防腐蚀涂装质量检测;安全技术要求;附录。

8.1.15 CECS 300《钢结构钢材选用与检验技术规程》

【标准编号及版本】CECS 300:2011

【标准名称】钢结构钢材选用与检验技术规程

【施行日期】2012—06—01

【发布单位】中国工程建设标准化协会

【适用范围】本标准适用于工业与民用建筑钢结构、构筑物钢结构钢材的选用与钢材进场后的复验。

【主要内容】本标准主要内容包括:总则;术语和符号;钢结构用钢材及其技术要求;焊接材料;紧固件材料;设计参数和指标;钢材和连接材料的选用;钢材进场的验收和复验。

8.1.16 CECS 430《城市轨道用槽型钢轨铝热焊接质量检验标准》

【标准编号及版本】CECS 430:2016

【标准名称】城市轨道用槽型钢轨铝热焊接质量检验标准

【施行日期】2016—07—01

【发布单位】中国工程建设标准化协会

【适用范围】本标准适用于材质为 U75V 的 59R2、60R2 型槽型钢轨的铝热焊接质量检验和试验。材质为 U75V 和 59R1 型、60R1 型槽型钢轨铝热焊接亦可按本标准的规定执行。

【主要内容】本标准主要内容包括:总则;术语;基本规定;材料与工艺;检验方法;检验规则。

8.1.17　CECS 499《钢塔桅结构检测与加固技术规程》

【标准编号及版本】CECS 499—2018

【标准名称】钢塔桅结构检测与加固技术规程

【施行日期】2018—05—01

【发布单位】中国工程建设标准化协会

【适用范围】本标准适用于既有钢结构广播电视发射塔、通信塔、微波塔、无线电桅杆等钢塔桅结构的检测、评定与加固。

【主要内容】本标准主要内容包括：总则；术语和符号；基本规定；调查；基础检测与评定；钢结构材料检测；钢构件检测与评定；连接节点检测与评定；钢结构防腐检测与评定；结构整体变形检测与评定；体系评定；加固基本原则；加固基本方法；加固的施工安全措施；加固验收与维护。

8.1.18　DG/TJ 08—2011《钢结构检测与鉴定技术规程》

【标准编号及版本】DG/TJ 08—2011—2007

【标准名称】钢结构检测与鉴定技术规程

【施行日期】2007—07—01

【发布单位】上海市建设和交通委员会

【适用范围】本标准适用于建(构)筑物钢结构的检测与鉴定。

【主要内容】本标准主要内容包括：总则；术语和符号；基本规定；钢结构用材料的检测；钢结构构件的检测与鉴定；钢结构连接与节点的检测与鉴定；钢结构系统可靠性鉴定。

8.2　测量标准

8.2.1　GB 50026《工程测量规范》

【标准编号及版本】GB 50026—2007

【标准名称】工程测量规范

【施行日期】2008—05—01

【发布单位】中华人民共和国建设部、国家质量监督检验检疫总局

【适用范围】本标准适用于工程建设领域的通用性测量工作。

【主要内容】本标准主要内容包括：总则；术语和符号；平面控制测量；高程控制测量；地形测量；线路测量；地下管线测量；施工测量；竣工总图的编绘与实测；变形监测；附录。

9 钢结构综合标准

9.1 综合标准

9.1.1 GB 50656《施工企业安全生产管理规范》

【标准编号及版本】GB 50656—2011

【标准名称】施工企业安全生产管理规范

【施行日期】2012—04—01

【发布单位】中华人民共和国住房和城乡建设部、中华人民共和国国家质量监督检验检疫总局

【适用范围】本标准适用于施工企业安全生产管理的监督检查工作。

【主要内容】本标准共分为 16 章节,其主要内部包括:总则;术语;基本规定;安全管理目标;安全生产组织与责任体系;安全生产管理制度;安全生产教育培训;安全生产费用管理;施工设施、设备和劳动防护用品安全管理;安全技术管理;分包方安全生产管理;施工现场安全管理;应急救援管理;生产安全事故管理;安全检查和改进;安全考核和奖惩。

9.1.2 GB/T 50319《建设工程监理规范》

【标准编号及版本】GB/T 50319—2013

【标准名称】建设工程监理规范

【施行日期】2014—03—01

【发布单位】中华人民共和国住房和城乡建设部、中华人民共和国国家质量监督检验检疫总局

【适用范围】本标准适用于新建、扩建、改建建设工程监理与相关服务活动。

【主要内容】本标准共分为 9 章和 3 个附录,其主要内容包括:总则;术语;项目监理机构及其设施;监理规划及监理实施细则;工程质量、进度、造价控制及安全生产管理工作;工程变更、索赔及施工合同争议的处理;监理文件资料管理;设备采购与设备监造;相关服务。

9.1.3　GB/T 50326《建设工程项目管理规范》

【标准编号及版本】GB/T 50326—2017

【标准名称】建设工程项目管理规范

【施行日期】2018—01—01

【发布单位】中华人民共和国住房和城乡建设部、中华人民共和国国家质量监督检验检疫总局

【适用范围】本标准适用于建设工程有关各方的项目管理活动。

【主要内容】本标准共分为 19 章,其主要内容包括:总则;术语;基本规定;项目管理责任制度;项目管理策划;采购与投标管理;合同管理;设计与技术管理;进度管理;质量管理;成本管理;安全生产管理;绿色建造与环境管理;资源管理;信息与知识管理;沟通管理;风险管理;收尾管理;管理绩效评价。

9.1.4　GB/T 50328《建设工程文件归档规范》

【标准编号及版本】GB/T 50328—2014

【标准名称】建设工程文件归档规范

【施行日期】2015—05—01

【发布单位】中华人民共和国住房和城乡建设部、中华人民共和国国家质量监督检验检疫总局

【适用范围】本标准适用于建设工程文件的整理、归档,以及建设工程档案的验收与移交。

【主要内容】本标准共分为 7 章和 7 个附录,其主要内容包括:总则;术语;基本规定;归档文件及其质量要求;工程文件立卷;工程文件归档;工程档案验收与移交。

9.1.5　GB/T 50502《建筑施工组织设计规范》

【标准编号及版本】GB/T 50502—2009

【标准名称】建筑施工组织设计规范

【施行日期】2009—10—01

【发布单位】中华人民共和国住房和城乡建设部、中华人民共和国国家质量监督检验检疫总局

【适用范围】本标准适用于新建、扩建、和改建等建筑工程的施工组织设计编制与管理。

【主要内容】本标准共分为 7 章,其主要内容包括:总则;术语;基本规定;施工组织设计;单位工程施工组织设计;施工方案;主要施工管理计划。

9.1.6　YB/T 4563《钢结构产品标志、包装、贮存、运输及质量证明书》

【标准编号及版本】YB/T 4563—2016

【标准名称】钢结构产品标志、包装、储存、运输及质量证明书

【施行日期】2017—04—01

【发布单位】中华人民共和国工业和信息化部

【适用范围】本标准适用于钢结构产品从生产到交付安装过程中的产品质量控制。

【主要内容】本标准共分为 9 章,其主要内容包括:范围;规范性引用文件;术语和定义;代号;钢结构产品标志;钢结构产品包装;钢结构产品贮存;钢结构产品运输;质量证明书。

9.1.7　DG/TJ 08—1201《建筑工程施工现场工程质量管理标准》

【标准编号及版本】DG/TJ 08—1201—2018

【标准名称】建筑工程施工现场工程质量管理标准

【施行日期】2018—06—01

【发布单位】上海市住房和城乡建设管理委员会

【适用范围】本标准适用于施工单位在上海市行政区域内新建、改建、扩建的建筑工程,公路与市政工程在技术相同的条件下也可适用。

【主要内容】本标准共分为 5 章,其主要内容包括:总则;术语;基本规定;质量管理;质量分析与改进。

9.1.8 DG/TJ 08—2102《文明施工标准》

【标准编号及版本】DG/TJ 08—2102—2019

【标准名称】文明施工标准

【施行日期】2020—03—01

【发布单位】上海市住房和城乡建设管理委员会

【适用范围】本标准适用于上海市行政区域内建设工程的新建、扩建、改建和既有建筑物、构筑物的拆除、修缮等施工活动的文明施工管理,以及因故中止施工的现场日常管理。不适用于应急抢险、应急救援工程的施工管理。

【主要内容】本标准共分为 10 章,其主要内容包括:总则;术语;边界设置;占路施工;临街防护;出入门及两侧设置;施工区域设置;办公区和生活区设置;环境保护;其他专业要求。

9.2　从业人员资质标准

9.2.1　GB/T 9445《无损检测　人员资格鉴定与认证》

【标准编号及版本】GB/T 9445—2015

【标准名称】无损检测　人员资格鉴定与认证

【施行日期】2016—07—01

【发布单位】中华人民共和国国家质量监督检验检疫总局、中国国家标准化管理委员会

【适用范围】本标准适用于工业无损检测（NDT）人员资格鉴定与认证。

【主要内容】本标准规定了工业无损检测（NDT）人员资格鉴定与认证的原则要求。

9.2.2　JGJ/T 250《建筑与市政工程施工现场专业人员职业标准》

【标准编号及版本】JGJ/T /250—2011

【标准名称】建筑与市政工程施工现场专业人员职业标准

【施行日期】2012—01—01

【发布单位】中华人民共和国住房和城乡建设部

【适用范围】本标准适用于建筑业企业、教育培训机构、行业组织、行业主管部门进行人才队伍规划、教育培训、评价、使用等。

【主要内容】本标准共分为 4 章,其主要内容包括:总则;术语;职业能力标准;职业能力评价。

9.2.3　CECS 331《钢结构焊接从业人员资格认证标准》

【标准编号及版本】CECS 331:2013

【标准名称】钢结构焊接从业人员资格认证标准

【施行日期】2013—09—01

【发布单位】中国工程建设标准化协会

【适用范围】本标准适用于工业与民用建筑钢结构工程焊接从业人员的资格认证。

【主要内容】本标准共分为 8 章和 4 个附录,其主要内容包括:总则;术语;基本规定;焊接技术管理人员的资格认证;焊接作业指导人员的资格认证;焊工技术资格认证;焊接检验人员的资格认证;焊接热处理人员的资格认证。

9.3 其他标准

9.3.1 GB 8918《重要用途钢丝绳》

【标准编号及版本】GB 8918—2006

【标准名称】重要用途钢丝绳

【施行日期】2006—09—01

【发布单位】中华人民共和国国家质量监督检验检疫总局、中国国家标准化管理委员会

【适用范围】本标准适用于矿井提升、高炉卷扬、大型浇铸、石油钻井、大型吊装、繁忙起重、索道、地面缆车、船舶和海上设施等用途圆股及异形股钢丝绳。

【主要内容】本标准主要内容包括：范围；规范性引用文件；分类；订货内容；钢丝绳材料；技术要求；检查与试验；验收；包装、标志及质量证明书。

9.3.2 GB/T 5972《起重机 钢丝绳 保养、维护、检验和报废》

【标准编号及版本】GB/T 5972—2016

【标准名称】起重机 钢丝绳 保养、维护、检验和报废

【施行日期】2016—06—01

【发布单位】中华人民共和国国家质量监督检验检疫总局、中国国家标准化管理委员会

【适用范围】本标准适用于人力、电力或液力驱动的起重机上用于吊钩、抓斗、电吸盘、盛钢桶、挖掘和堆垛作业的钢丝绳；也适用于起重葫芦和起重滑车用钢丝绳。

【主要内容】本标准规定了起重机和电动葫芦用钢丝绳的保养与维护、检验和报废的一般要求。

9.3.3 GB/T 20118《钢丝绳通用技术条件》

【标准编号及版本】GB/T 20118—2017

【标准名称】钢丝绳通用技术条件

【施行日期】2018—09—01

【发布单位】中华人共和国国家质量监督检验检疫总局、中国国家标准化管理委员会

【适用范围】本标准适用于光面和镀层碳素钢丝制造的各种结构钢丝绳的通用技术条件。

【主要内容】本标准规定了直径不大于 60 mm 钢丝绳的术语和定义、分类、标记、订货内容、材料、技术要求、检验、试验、验收方法、包装、标志及质量证明书,钢丝绳安全、使用和维护。

9.3.4 GB/T 24811.1《起重机和起重机械　钢丝绳选择　第 1 部分:总则》

【标准编号及版本】GB/T 24811.1—2009

【标准名称】起重机和起重机械　钢丝绳选择　第 1 部分:总则

【施行日期】2010—07—01

【发布单位】中华人共和国国家质量监督检验检疫总局、中国国家标准化管理委员会

【适用范围】本标准适用于其附录 A 中所规定的起重机械的钢丝绳选择。

【主要内容】本标准规定了两种使用于按 GB/T 6974.1 定义的起重机械的钢丝绳选择方法。

9.3.5 GB/T 24811.2《起重机和起重机械　钢丝绳选择　第 2 部分:流动式起重机　利用系数》

【标准编号及版本】GB/T 24811.2—2009

【标准名称】起重机和起重机械　钢丝绳选择　第 2 部分:流动式起重机　利用系数

【施行日期】2010—07—01

【发布单位】中华人共和国国家质量监督检验检疫总局、中国国家标准化管理委员会

【适用范围】本标准适用于 ISO 4306—2 定义的所有流动式起重机。

【主要内容】本标准规定了用于流动式起重机的一般钢丝绳和阻扭转钢丝绳的最小实际利用系数值 Z_P。

9.3.6 GB/T 25854《一般起重用 D 形和弓形锻造卸扣》

【标准编号及版本】GB/T 25854—2010

【标准名称】一般起重用 D 形和弓形锻造卸扣

【施行日期】2011—06—01

【发布单位】中华人共和国国家质量监督检验检疫总局、中国国家标准化管理委员会

【适用范围】本标准适用于极限工作载荷为 0.32 t～100 t 的 D 形和弓形锻造卸扣。

【主要内容】本标准规定了强度级别为 4 级、6 级和 8 级 D 邢和弓形卸扣的一般特征、性能及其他零件互换和配合所需的关键尺寸。

9.3.7 GB/T 29086《钢丝绳 安全 使用和维护》

【标准编号及版本】GB/T 29086—2012

【标准名称】钢丝绳 安全 使用和维护

【施行日期】2013—10—01

【发布单位】中华人共和国国家质量监督检验检疫总局、中国国家标准化管理委员会

【适用范围】本标准不适用于钢丝绳吊索以及本标准发布之前制造的钢丝绳。

【主要内容】本标准规定了应由钢丝绳制造商提供的钢丝绳使用

和维护信息的种类;或者当钢丝绳为机器、设备或装置的一部分时,制造商的使用手册中应包含钢丝绳使用和维护信息的种类。

9.3.8 GB/T 29740《拆装式轻钢结构活动房》

【标准编号及版本】GB/T 29740—2013

【标准名称】拆装式轻钢结构活动房

【施行日期】2014—06—01

【发布单位】中华人共和国国家质量监督检验检疫总局、中国国家标准化管理委员会

【适用范围】本标准适用于一层或二层、檐口高度不超过 6.5 m、设计使用年限不超过 5 年的拆装式轻钢结构活动房。

【主要内容】本标准规定了拆装式轻钢结构活动房的术语和定义,分类和标记,一般要求,试验方法,检验规则,标志、产品说明书及包装、运输、贮存。

9.3.9 GB/T 34529《起重机和葫芦 钢丝绳、卷筒和滑轮的选择》

【标准编号及版本】GB/T 34529—2017

【标准名称】起重机和葫芦 钢丝绳、卷筒和滑轮的选择

【施行日期】2018—05—01

【发布单位】中华人共和国国家质量监督检验检疫总局、中国国家标准化管理委员会

【适用范围】本标准适用于其附录 A 所列出的起重机和葫芦。

【主要内容】本标准共分为 8 章和 2 个附录,其主要内容包括:范围;规范性引用文件;术语和定义;机构工作级别;钢丝绳的选择;卷筒和滑轮;特殊工况;养护与维护、检验和报废。

9.3.10 DGJ 08—114《临时性建(构)筑物应用技术规程》

【标准编号及版本】DGJ 08—114—2016

【标准名称】临时性建(构)筑物应用技术规程

【施行日期】2016—12—01

【发布单位】上海市住房和城乡建设管理委员会

【适用范围】本标准适用于房屋建筑和市政工程施工现场的临时性建筑物,以及看台、舞台、展台和房屋建筑、市政工程施工现场的围墙等临时性构筑物。

【主要内容】本标准共分为10章和3个附录,其主要内容包括:总则;术语;基本规定;建筑设计;结构设计;建筑设备;施工与安装;验收;安全管理;拆除。

9.3.11 JGJ/T 429《建筑施工易发事故防治安全标准》

【标准编号及版本】JGJ/T 429—2018

【标准名称】建筑施工易发事故防治安全标准

【施行日期】2018—10—01

【发布单位】中华人民共和国住房和城乡建设部

【适用范围】本标准适用于房屋建筑和市政工程施工现场易发生事故的防治安全管理。

【主要内容】本标准共分为10章,其主要内容包括:总则;术语;基本规定;坍塌;高处坠落;物体打击;机械伤害;触电;起重伤害;其他易发事故。

附录 A 国外钢结构常用标准(存目)

A.1 钢结构设计综合标准

A.1.1 美国标准

    1 AISC《钢结构手册》

    2 ANSI/AISC 303《钢建筑物及桥梁的实用标准规范》

    3 ANSI/AISC 360《钢结构建筑设计规范》

A.1.2 日本标准

    1 日本建筑学会《日本建筑标准法》

    2 日本建筑学会《钢结构设计规范》

A.2 钢结构焊接和制造标准

A.1.1 ISO 或欧盟标准

    1 DIN EN 1090‐1《钢结构和铝结构的施工 第1部分:结构部件一致性要求》

    2 DIN EN 1090‐2《钢结构和铝结构的施工 第2部分:钢结构的技术要求》

    3 DIN EN 1090‐3《钢结构和铝结构的施工 第3部分:铝合金结构的技术要求》

    4 ISO 3834《金属材料熔化焊的质量要求》

A.1.2　美国标准

　　1　AWS D1.1《结构焊接规范—钢结构》

　　2　AWS D1.5《桥梁焊接规范》

　　3　AWS D1.8《结构焊接规范—抗震补充》

A.1.3　澳大利亚/新西兰标准

　　1　AS 1554.1《钢结构的焊接　第 1 部分:钢结构焊接》

　　2　AS 1554.5《钢结构的焊接　第 5 部分:钢经受疲劳载荷的钢结构焊接》

　　3　AS/NZS 4100《钢结构》

A.1.4　加拿大标准

　　1　CSA W47.1《钢熔化焊》

　　2　CSA W59《钢结构焊接标准》

A.1.5　日本标准

　　1　日本建筑学会《建筑工程标准规范(钢结构工程)JASS 6》

　　2　日本建筑学会《高强度螺栓连接设计施工标准》

　　3　日本建筑学会《焊接连接设计施工标准》

A.2　人员资格

A.2.1　ISO 检测人员资格认证

　　ISO 9712《无损检测　人员资格认定和鉴证》

A.3　金属材料(板材/型材)

A.3.1　欧盟材料标准

　　1　EN 10025—1《热轧结构钢产品　第 1 部分:交货技术条件》

2 EN 10025—2《热轧结构钢产品　第 2 部分：非合金结构钢的技术条件》

A.3.2 美国材料标准

    1 ASTM 572《高强度低合金铌钒结构钢》

    2 ASTM 992《结构型材标准规范》

A.3.3 日本材料标准

    1 JIS G 3101《普通结构用轧制钢材》

    2 JIS G 3106《焊接结构用轧制钢材》

    3 JIS G 3136《建筑结构用轧制钢》

A.3.4 澳洲/新西兰材料标准

    1 AS/NZS 3678《结构钢、热轧钢板、花纹板和钢坯》

    2 AS/NZS 3679.1《结构钢　第 1 部分：热轧棒材和型材》

A.3.5 俄罗斯材料标准

    1 GOST 27772《建筑结构钢》

    2 GOST 26020《热轧工字钢》

A.4　涂装要求

A.4.1 ISO 或欧盟涂装标准

    1 ISO 8501—1《涂装油漆和有关产品前钢材预处理　喷射清理钢材的表面粗糙度特性　第 1 部分：磨料喷射清理表面粗糙度的 ISO 评定》

    2 ISO 8501—2《涂装油漆和有关产品前钢材预处理　喷射清理钢材的表面粗糙度特性　第 2 部分：磨料喷射清理表面粗糙度的定级方法　比较方法》

3 ISO 8502《表面清洁度的评估实验》

4 ISO 8503《钢材喷砂清洁后表面的粗糙特征》

5 ISO 8504《表面预处理方法》

6 ISO 12944—1《色漆和清漆　防护涂料体系对钢结构的防腐蚀保护　第 1 部分:总则》

7 ISO 12944—2《色漆和清漆　防护涂料体系对钢结构的防腐蚀保护　第 2 部分:环境分类》

8 ISO 12944—3《色漆和清漆　防护涂料体系对钢结构的防腐蚀保护　第 3 部分:设计内容》

9 ISO 12944—4《色漆和清漆　防护涂料体系对钢结构的防腐蚀保护　第 4 部分:表面类型及表面处理》

10 ISO 12944—5《色漆和清漆　防护涂料体系对钢结构的防腐蚀保护　第 5 部分:防护涂层体系》

11 ISO 12944—6《色漆和清漆　防护涂料体系对钢结构的防腐蚀保护　第 6 部分:实验室性能测试方法》

12 ISO 12944—7《色漆和清漆　防护涂料体系对钢结构的防腐蚀保护　第 7 部分:涂装工作的实施和监督》

13 ISO 12944—8《色漆和清漆　防护涂料体系对钢结构的防腐蚀保护　第 8 部分:新建和维修防腐技术》

14 ISO 12944—9《色漆和清漆　防护涂料体系对钢结构的防腐蚀保护　第 9 部分:海上平台和相关结构的保护涂层体系和实验室性能测试方法》

A.4.2 美国涂装协会标准

1 SSPC Steel Structures Painting Manual，Volume Ⅰ，Good Painting

2 SSPC Steel Structures Painting Manual，Volume Ⅱ，Systems and Specifications

　1）SSPC SP1《表面处理规范 No.1:溶剂清洗》

2）SSPC SP2《表面处理规范 No.2：手动工清理》

3）SSPC SP3《表面处理规范 No.3：动力工具清理》

4）SSPC SP5《表面处理规范 No.5：喷砂清理动金属表面呈彻底的金属光泽》

5）SSPC SP6《表面处理规范 No.6：经济型喷砂清理》

6）SSPC SP7《表面处理规范 No.7：扫砂清理》

7）SSPC SP8《表面处理规范 No.8：酸洗法清理》

8）SSPC SP10《表面处理规范 No.10：喷砂清理到表面呈金属光泽》

9）SSPC SP11《表面处理规范 No.11：动力工具除锈至金属表面呈金属光泽》

A.5　镀锌要求

A.5.1　ISO 和欧盟镀锌标准

ISO 1461《钢铁制件热浸镀锌　技术要求和试验方法》

A.5.2　美国镀锌标准

ASTM A123《钢铁制品的锌镀层（热浸锌）标准》

A.6　检验试验标准

A.6.1　ISO 和欧盟标准

1　DIN EN 473《无损检验　无损检验人员的资格鉴定一般原则》

2　EN 571—1《无损检验渗透检验　第 1 部分：一般原理》

3　DIN EN 875《焊接金属材料的焊接连接冲击试验用试样定位和槽口取向》

4　NF EN 910《金属材料焊缝的破坏性试验折叠试验》

5 DIN EN 970《无损检测　熔焊接缝的目测》

6 DIN EN 1713《焊接的无损检验　超声波检验焊缝现象的特征说明》

7 DIN EN 1714《焊接的无损检测焊接处的超声波检验》

8 ISO 6947《焊接及相关工艺方法焊接位置》

9 ISO 17636《焊接的无损检验熔焊接头的放射试验》

A.6.2 日本标准

日本建筑学会《钢结构质量检测标准》

附录 B 收录国家标准总索引 (按标准类型排序)

序	标准号	标准名称	条目	页码
1	GB 4053.1	固定式钢梯及平台安全要求 第1部分:钢直梯	5.2.1	71
2	GB 4053.2	固定式钢梯及平台安全要求 第2部分:钢斜梯	5.2.2	71
3	GB 4053.3	固定式钢梯及平台安全要求 第3部分:工业防护栏杆及钢平台	5.2.3	72
4	GB 8918	重要用途钢丝绳	9.3.1	115
5	GB 14907	钢结构防火涂料	4.4.1	31
6	GB 16776	建筑用硅酮结构密封胶	4.5.7	34
7	GB 20688.2	橡胶支座 第2部分:桥梁隔震橡胶支座	4.7.2	38
8	GB 20688.3	橡胶支座 第3部分:建筑隔震橡胶支座	4.7.3	39
9	GB 20688.4	橡胶支座 第4部分:普通橡胶支座	4.7.4	39
10	GB 20688.5	橡胶支座 第5部分:建筑隔震弹性滑板支座	4.7.5	40
11	GB 50009	建筑结构荷载规范	5.1.1	43
12	GB 50011	建筑抗震设计规范	5.1.2	43
13	GB 50016	建筑设计防火规范	5.1.3	44
14	GB 50017	钢结构设计标准	5.1.4	45
15	GB 50018	冷弯薄壁型钢结构技术规范	5.1.5	45
16	GB 50026	工程测量规范	8.2.1	108

续表

序	标准号	标准名称	条目	页码
17	GB 50068	建筑结构可靠性设计统一标准	5.1.6	46
18	GB 50135	高耸结构设计标准	5.1.7	46
19	GB 50205	钢结构工程施工质量验收标准	7.1.1	92
20	GB 50207	屋面工程质量验收规范	7.2.1	98
21	GB 50223	建筑工程抗震设防分类标准	5.1.8	46
22	GB 50300	建筑工程施工质量验收统一标准	7.1.2	92
23	GB 50345	屋面工程技术规范	5.1.9	47
24	GB 50429	铝合金结构设计规范	5.1.10	47
25	GB 50550	建筑结构加固工程施工质量验收规范	7.1.3	93
26	GB 50576	铝合金结构工程施工质量验收规范	7.1.4	93
27	GB 50628	钢管混凝土工程施工质量验收规范	7.1.5	94
28	GB 50656	施工企业安全生产管理规范	9.1.1	110
29	GB 50661	钢结构焊接规范	6.2.1	83
30	GB 50755	钢结构工程施工规范	6.1.1	79
31	GB 50896	压型金属板工程应用技术规范	5.2.4	72
32	GB 50901	钢-混凝土组合结构施工规范	6.1.2	79
33	GB 50917	钢-混凝土组合桥梁设计规范	5.1.11	48
34	GB 50923	钢管混凝土拱桥技术规范	5.1.12	48
35	GB 50936	钢管混凝土结构技术规范	5.1.13	49
36	GB 51008	高耸与复杂钢结构检测与鉴定标准	8.1.1	100
37	GB 51022	门式刚架轻型房屋钢结构技术规范	5.1.14	49
38	GB 51162	重型结构和设备整体提升技术规范	6.2.2	84
39	GB 51203	高耸结构工程施工质量验收规范	7.1.6	94
40	GB 51210	建筑施工脚手架安全技术统一标准	6.2.3	84

序	标准号	标准名称	条目	页码
41	GB 51249	建筑钢结构防火技术规范	5.1.15	50
42	GB/T 699	优质碳素结构钢	4.1.1	8
43	GB/T 700	碳素结构钢	4.1.2	8
44	GB/T 706	热轧型钢	4.1.3	9
45	GB/T 714	桥梁用结构钢	4.1.4	9
46	GB/T 983	不锈钢焊条	4.2.10	23
47	GB/T 1228	钢结构用高强度大六角头螺栓	4.3.1	26
48	GB/T 1229	钢结构用高强度大六角螺母	4.3.2	26
49	GB/T 1230	钢结构用高强度垫圈	4.3.3	27
50	GB/T 1231	钢结构用高强度大六角头螺栓、大六角螺母、垫圈技术条件	4.3.4	27
51	GB/T 1591	低合金高强度结构钢	4.1.5	10
52	GB/T 2518	连续热镀锌和锌合金镀层钢板与钢带	4.5.1	32
53	GB/T 3190	变形铝及铝合金化学成分	4.5.2	33
54	GB/T 3280	不锈钢冷轧钢板和钢带	4.1.6	10
55	GB/T 3632	钢结构用扭剪型高强度螺栓连接副	4.3.5	27
56	GB/T 4171	耐候结构钢	4.1.7	10
57	GB/T 4237	不锈钢热轧钢板和钢带	4.1.8	11
58	GB/T 4842	氩	4.2.16	25
59	GB/T 5117	非合金钢及细晶粒钢焊条	4.2.1	19
60	GB/T 5118	热强钢焊条	4.2.2	20
61	GB/T 5210	色漆和清漆　拉开法附着力试验	8.1.2	100
62	GB/T 5237.1	铝合金建筑型材　第1部分:基材	4.5.3	33
63	GB/T 5282	开槽盘头自攻螺钉	4.3.6	28

续表

序	标准号	标准名称	条目	页码
64	GB/T 5283	开槽沉头自攻螺钉	4.3.7	28
65	GB/T 5284	开槽半沉头自攻螺钉	4.3.8	29
66	GB/T 5285	六角头自攻螺钉	4.3.9	29
67	GB/T 5293	埋弧焊用非合金及细晶粒钢实心焊丝、药芯焊丝和焊丝-焊剂组合分类要求	4.2.3	20
68	GB/T 5313	厚度方向性能钢板	4.1.9	11
69	GB/T 5574	工业用橡胶板	4.5.8	35
70	GB/T 5972	起重机 钢丝绳 保养、维护、检验和报废	9.3.2	115
71	GB/T 6052	工业液体二氧化碳	4.2.15	25
72	GB/T 6725	冷弯型钢通用技术要求	4.1.10	12
73	GB/T 8110	气体保护电弧焊用碳钢、低合金钢焊丝	4.2.4	21
74	GB/T 8162	结构用无缝钢管	4.1.11	12
75	GB/T 8923.1	涂覆涂料前钢材表面处理 表面清洁度的目视评定 第1部分:未涂覆过的钢材表面和全面清除原有涂层后的钢材表面的锈蚀等级和处理等级	8.1.4	101
76	GB/T 8923.2	涂覆涂料前钢材表面处理 表面清洁度的目视评定 第2部分:已涂覆过的钢材表面局部清除原有涂层后的处理等级	8.1.5	102
77	GB/T 8923.3	涂覆涂料前钢材表面处理 表面清洁度的目视评定 第3部分:焊缝、边缘和其他区域的表面缺陷的处理等级	8.1.6	102
78	GB/T 9286	色漆和清漆 漆膜的划格试验	8.1.3	101
79	GB/T 9444	铸钢铸铁件 磁粉检测	8.1.7	103
80	GB/T 9445	无损检测 人员资格鉴定与认证	9.2.1	113

续表

序	标准号	标准名称	条目	页码
81	GB/T 10045	非合金钢及细晶粒钢药芯焊丝	4.2.5	21
82	GB/T 10433	电弧螺柱焊用圆柱头焊钉	4.2.6	21
83	GB/T 11263	热轧 H 型钢和剖分 T 型钢	4.1.12	12
84	GB/T 11345	焊缝无损检测 超声检测 技术、检测等级和评定	8.1.8	103
85	GB/T 11352	一般工程用铸造碳钢件	4.1.13	13
86	GB/T 11835	绝热用岩棉、矿渣棉及其制品	4.5.9	35
87	GB/T 12470	埋弧焊用热强钢实心焊丝、药芯焊丝和焊丝-焊剂组合分类要求	4.2.7	22
88	GB/T 12615.1	封闭型平圆头抽芯铆钉 11 级	4.3.10	29
89	GB/T 12615.2	封闭型平圆头抽芯铆钉 30 级	4.3.11	30
90	GB/T 12615.3	封闭型平圆头抽芯铆钉 06 级	4.3.12	30
91	GB/T 12615.4	封闭型平圆头抽芯铆钉 51 级	4.3.13	31
92	GB/T 12754	彩色涂层钢板与钢带	4.5.4	33
93	GB/T 12755	建筑用压型钢板	4.5.5	34
94	GB/T 12770	机械结构用不锈钢焊接钢管	4.1.14	13
95	GB/T 13350	绝热用玻璃棉及其制品	4.5.10	36
96	GB/T 14957	熔化焊用钢丝	4.2.8	22
97	GB/T 14975	结构用不锈钢无缝钢管	4.1.15	14
98	GB/T 16474	变形铝及铝合金牌号表示方法	4.5.6	34
99	GB/T 17493	热强钢药芯焊丝	4.2.9	23
100	GB/T 17853	不锈钢药芯焊丝	4.2.11	23
101	GB/T 17854	埋弧焊用不锈钢焊丝-焊剂组合分类要求	4.2.12	24

续表

序	标准号	标准名称	条目	页码
102	GB/T 19879	建筑结构用钢板	4.1.16	14
103	GB/T 20118	钢丝绳通用技术条件	9.3.3	116
104	GB/T 20688.1	橡胶支座 第1部分：隔震橡胶支座试验方法	4.7.1	38
105	GB/T 20878	不锈钢和耐热钢 牌号及化学成分	4.1.17	15
106	GB/T 20934	钢拉杆	4.7.7	40
107	GB/T 22083	建筑密封胶分级和要求	4.5.11	36
108	GB/T 24811.1	起重机和起重机械 钢丝绳选择 第1部分：总则	9.3.4	116
109	GB/T 24811.2	起重机和起重机械 钢丝绳选择 第2部分：流动式起重机 利用系数	9.3.5	116
110	GB/T 25821	不锈钢钢绞线	4.1.18	15
111	GB/T 25854	一般起重用D形和弓形锻造卸扣	9.3.6	117
112	GB/T 28414	抗震结构用型钢	4.1.19	15
113	GB/T 28699	钢结构防护涂装通用技术条件	6.2.4	85
114	GB/T 28905	建筑用低屈服强度钢板	4.1.20	16
115	GB/T 29086	钢丝绳 安全 使用和维护	9.3.7	117
116	GB/T 29712	焊缝无损检测 超声检测 验收等级	8.1.9	104
117	GB/T 29740	拆装式轻钢结构活动房	9.3.8	118
118	GB/T 29860	通信钢管铁塔制造技术条件	6.1.3	80
119	GB/T 30826	斜拉桥钢绞线拉索技术条件	4.7.8	41
120	GB/T 32120	钢结构氧化聚合型包覆防腐蚀技术	5.2.5	72
121	GB/T 32836	建筑钢结构球型支座	4.7.9	41
122	GB/T 33026	建筑结构用高强度钢绞线	4.7.10	42

续表

序	标准号	标准名称	条目	页码
123	GB/T 33814	焊接 H 型钢	4.1.21	16
124	GB/T 33943	钢结构用高强度锚栓连接副	4.3.14	31
125	GB/T 34478	钢板栓接面抗滑移系数的测定	8.1.10	104
126	GB/T 34529	起重机和葫芦 钢丝绳、卷筒和滑轮的选择	9.3.9	118
127	GB/T 36034	埋弧焊用高强钢实心焊丝、药芯焊丝和焊丝-焊剂组合分类要求	4.2.13	24
128	GB/T 36037	埋弧焊和电渣焊用焊剂	4.2.14	25
129	GB/T 37260.1	箱型轻钢结构房屋 第 1 部分:可拆装式	5.2.6	73
130	GB/T 50018	冷弯薄壁型钢结构技术规范	5.2.7	73
131	GB/T 50319	建设工程监理规范	9.1.2	110
132	GB/T 50326	建设工程项目管理规范	9.1.3	111
133	GB/T 50328	建设工程文件归档规范	9.1.4	111
134	GB/T 50375	建筑工程施工质量评价标准	7.1.7	95
135	GB/T 50502	建筑施工组织设计规范	9.1.5	112
136	GB/T 50621	钢结构现场检测技术标准	8.1.11	105
137	GB/T 51232	装配式钢结构建筑技术标准	5.1.16	50
138	CJJ 11	城市桥梁设计规范	5.1.29	56
139	CJJ 69	城市人行天桥与人行地道技术规范	5.1.30	56
140	CJJ 166	城市桥梁抗震设计规范	5.1.31	57
141	CJJ/T 235	城镇桥梁钢结构防腐蚀涂装工程技术规程	5.2.8	74
142	JB/T 11270	立体仓库组合式钢结构货架 技术条件	6.2.14	88
143	JG/T 8	钢桁架构件	6.1.4	80

序	标准号	标准名称	条目	页码
144	JG/T 10	钢网架螺栓球节点	4.6.1	37
145	JG/T 11	钢网架焊接空心球节点	4.6.2	38
146	JG/T 118	建筑隔震橡胶支座	4.7.6	40
147	JG/T 137	结构用高频焊接薄壁H型钢	4.1.22	17
148	JG/T 144	门式刚架轻型房屋钢构件	6.1.5	80
149	JG/T 182	住宅轻钢装配式构件	6.1.6	81
150	JG/T 187	建筑门窗用密封胶条	4.5.12	36
151	JG/T 203	钢结构超声波探伤及质量分级法	8.1.12	105
152	JG/T 224	建筑用钢结构防腐涂料	4.4.2	32
153	JG/T 288	建筑钢结构十字接头试验方法	8.1.13	106
154	JG/T 300	建筑结构用铸钢管	4.1.23	17
155	JG/T 368	钢筋桁架楼承板	6.2.13	88
156	JGJ 7	空间网格结构技术规程	5.1.17	51
157	JGJ 80	建筑施工高处作业安全技术规范	6.2.6	86
158	JGJ 82	钢结构高强度螺栓连接技术规程	5.1.18	51
159	JGJ 99	高层民用建筑钢结构技术规程	5.1.19	51
160	JGJ 147	建筑拆除工程安全技术规范	6.2.7	86
161	JGJ 160	施工现场机械设备检查技术规范	6.2.8	86
162	JGJ 196	建筑施工塔式起重机安装、使用、拆卸安全技术规程	6.2.9	87
163	JGJ 33	建筑机械使用安全技术规程	6.2.5	85
164	JGJ 209	轻型钢结构住宅技术规程	5.1.20	52
165	JGJ 227	低层冷弯薄壁型钢房屋建筑技术规程	5.1.21	52
166	JGJ 231	建筑施工承插型盘扣式钢管支架安全技术规程	6.2.10	87

续表

序	标准号	标准名称	条目	页码
167	JGJ 255	采光顶与金属屋面技术规程	5.2.9	74
168	JGJ 257	索结构技术规程	5.1.22	53
169	JGJ 276	建筑施工起重吊装安全技术规范	6.2.11	87
170	JGJ 300	建筑施工临时支撑结构技术规范	6.2.12	88
171	JGJ 383	轻钢轻混凝土结构技术规程	5.1.23	53
172	JGJ 459	整体爬升钢平台模架技术标准	5.2.10	74
173	JGJ/T 216	铝合金结构工程施工规程	6.1.9	82
174	JGJ/T 249	拱形钢结构技术规程	5.1.24	54
175	JGJ/T 250	建筑与市政工程施工现场专业人员职业标准	9.2.2	114
176	JGJ/T 251	建筑钢结构防腐蚀技术规程	5.1.25	54
177	JGJ/T 380	钢板剪力墙技术规程	5.2.11	75
178	JGJ/T 395	铸钢结构技术规程	5.1.26	54
179	JGJ/T 421	冷弯薄壁型钢多层住宅技术标准	5.2.12	75
180	JGJ/T 429	建筑施工易发事故防治安全标准	9.3.11	119
181	JGJ/T 466	轻型模块化钢结构组合房屋技术标准	5.1.27	55
182	JGJ/T 469	装配式钢结构住宅建筑技术标准	5.1.28	55
183	JTG B01	公路工程技术标准	5.1.32	57
184	JTG D60	公路桥涵设计通用规范	5.1.33	57
185	JTG D64	公路钢结构桥梁设计规范	5.1.34	58
186	JTG/T B02—01	公路桥梁抗震设计细则	5.1.35	58
187	JTG/T F50	公路桥涵施工技术规范	6.1.7	81
188	SH/T 3507	石油化工钢结构工程施工质量验收规范	7.1.8	95
189	SH/T 3607	石油化工钢结构工程施工技术规程	6.1.8	82

续表

序	标准号	标准名称	条目	页码
190	TB 10002	铁路桥涵设计规范	5.1.36	59
191	TB 10091	铁路桥梁钢结构设计规范	5.1.37	59
192	TB 10415	铁路桥涵工程施工质量验收标准	7.1.9	96
193	YB/T 4390	工业建(构)筑物钢结构防腐蚀涂装质量检测、评定标准	8.1.14	106
194	YB/T 4563	钢结构产品标志、包装、贮存、运输及质量证明书	6.2.15	89
195	YB/T 4563	钢结构产品标志、包装、贮存、运输及质量证明书	9.1.6	112
196	YB/T 4624	桥梁钢结构用 U 形肋冷弯型钢	4.1.24	17
197	YB/T 4757	波浪腹板焊接 H 型钢	4.1.25	18
198	YB/T 4832	重型热轧 H 型钢	4.1.26	18
199	YB/T 9256	钢结构、管道涂装技术规程	6.2.16	89
200	YS/T 431	铝及铝合金彩色涂层板、带材	4.5.13	37
201	CECS 24	钢结构防火涂料应用技术规范	6.2.17	90
202	CECS 28	钢管混凝土结构技术规程	5.1.38	59
203	CECS 77	钢结构加固技术规范	5.1.39	60
204	CECS 80	塔桅钢结构工程施工质量验收规程	7.1.10	96
205	CECS 148	户外广告设施钢结构技术规程	5.2.13	76
206	CECS 159	矩形钢管混凝土结构技术规程	5.1.40	60
207	CECS 167	拱形波纹钢屋盖结构技术规程	5.1.41	61
208	CECS 188	钢管混凝土叠合柱结构技术规程	5.1.42	61
209	CECS 200	建筑钢结构防火技术规范	5.1.43	62
210	CECS 212	预应力钢结构技术规程	5.1.44	62
211	CECS 230	高层建筑钢-混凝土混合结构设计规程	5.1.45	63

续表

序	标准号	标准名称	条目	页码
212	CECS 235	铸钢节点应用技术规程	5.2.14	76
213	CECS 236	钢结构单管通信塔技术规程	5.1.46	63
214	CECS 254	实心与空心钢管混凝土结构技术规程	5.1.47	63
215	CECS 260	端板式半刚性连接钢结构技术规程	5.1.48	64
216	CECS 273	组合楼板设计与施工规范	5.1.49	64
217	CECS 280	钢管结构技术规程	5.1.50	65
218	CECS 290	波浪腹板钢结构应用技术规程	5.1.51	65
219	CECS 291	波纹腹板钢结构技术规程	5.1.52	66
220	CECS 300	钢结构钢材选用与检验技术规程	8.1.15	107
221	CECS 304	建筑用金属面绝热夹芯板安装及验收规程	7.2.2	98
222	CECS 323	交错桁架钢框架结构技术规程	5.1.53	66
223	CECS 330	钢结构焊接热处理技术规程	6.2.18	90
224	CECS 331	钢结构焊接从业人员资格认证标准	9.2.3	114
225	CECS 343	钢结构防腐蚀涂装技术规程	6.2.19	90
226	CECS 410	不锈钢结构技术规程	5.1.54	66
227	CECS 430	城市轨道用槽型钢轨铝热焊接质量检验标准	8.1.16	107
228	CECS 478	砌体房屋钢管混凝土柱支座隔震技术规程	5.2.15	77
229	CECS 499	钢塔桅结构检测与加固技术规程	8.1.17	108
230	T/CECS 506	矩形钢管混凝土节点技术规程	5.2.16	77
231	T/CECS 507	钢结构模块建筑技术规程	5.1.56	67
232	T/CECS 599	高性能建筑钢结构应用技术规程	5.1.57	68
233	T/CECS 634	铝合金空间网格结构技术规程	5.1.58	68

续表

序	标准号	标准名称	条目	页码
234	T/CECS 756	建筑铝合金结构防火技术规程	5.1.59	68
235	T/CECS-CBIMU 8	钢结构设计 P-BIM 软件功能与信息交换标准	5.1.55	67
236	T/CSCS TC01—01	钢结构用自锁式单向高强螺栓连接副技术条件	5.2.17	77
237	T/CSCS TC02—02	建筑结构用方矩管	4.1.27	18
238	T/CSCS TC02—03	机械结构用方矩管	4.1.28	19
239	T/CSCS TC02—04	结构用热镀锌方矩管	4.1.29	19
240	DG/TJ 08—010	轻型钢结构制作及安装验收标准	7.1.12	97
241	DG/TJ 08—1201	建筑工程施工现场工程质量管理标准	9.1.7	112
242	DG/TJ 08—2011	钢结构检测与鉴定技术规程	8.1.18	108
243	DG/TJ 08—2029	多高层钢结构住宅技术规程	5.1.61	69
244	DG/TJ 08—2089	轻型钢结构技术规程	5.1.62	70
245	DG/TJ 08—2102	文明施工标准	9.1.8	113
246	DG/TJ 08—2152	城市道路桥梁工程施工质量验收规范	7.1.13	97
247	DG/TJ 08—216	钢结构制作与安装规程	6.1.10	82
248	DG/TJ 08—32	高层建筑钢结构设计规程	5.1.60	69
249	DG/TJ 08—56	建筑幕墙工程技术标准	5.1.63	70
250	DG/TJ 08—89	空间格构结构工程质量检验及评定标准	7.1.11	96
251	DGJ 08—70	建筑物、构筑物拆除规程	6.2.20	91
252	DGJ 08—114	临时性建(构)筑物应用技术规程	9.3.10	118
253	Q/CR 9211	铁路钢桥制造规范	6.1.11	83

附录 C 建设工程常用法规、条例

C.0.1 国务院 2000 年 279 号令《建设工程质量管理条例》

【标准编号及版本】国务院 2000 年 279 号令

【标准名称】建设工程质量管理条例

【施行日期】2000—01—30

【发布单位】中华人民共和国国务院

【适用范围】本条例适用于中华人民共和国境内从事建设工程的新建、扩建、改建等有关活动及实施对建设工程质量监督管理的工程。

【主要内容】本条例共 9 章 82 条。

C.0.2 000013338/2018—00069 住建部令 37 号《危险性较大的分部分项工程安全管理规定》

【标准编号及版本】000013338/2018—00069 住建部令 37 号

【标准名称】危险性较大的分部分项工程安全管理规定

【施行日期】2018—06—01

【发布单位】中华人民共和国住房和城乡建设部

【适用范围】本规定适用于房屋建筑和市政基础设施工程中危险性较大的分部分项工程安全管理。

【主要内容】本规定共 7 章,分别为:总则;前期保障;专项施工方案;现场安全;监督管理;法律责任;附则。

C.0.3 建质函〔2016〕247 号《建筑工程设计文件编制深度规定》

【标准编号及版本】建质函〔2016〕247 号

【标准名称】建筑工程设计文件编制深度规定

【施行日期】2016—11
【发布单位】中华人民共和国住房和城乡建设部
【适用范围】本规定适用于境内和援外的民用建筑、工业厂房、仓库及其配套工程的新建、改建、扩建工程。
【主要内容】本规定共5章,分别为:总则;方案设计;初步设计;施工图设计;专项设计和条文说明。